Java 面向对象程序设计

王 杉 丁 磊 杨金华 编著

北京理工大学出版社
BEIJING INSTITUTE OF TECHNOLOGY PRESS

内 容 简 介

本书是介绍当今主流的面向对象程序设计语言——Java语言的基础教材。围绕Java语言讲解程序逻辑设计的相关理论和实践知识。通过对本书的学习和实践，力求使读者具备深厚的程序逻辑设计基本能力，理解和掌握面向对象的基本概念，为今后继续学习其他计算机语言，以及学习Java类库使用和开发Java程序奠定基础。

全书共分为15章，主要介绍了Java语言的特点、基本语法、流程控制语句、数组等基础知识；进一步介绍了面向对象思想、Java面向对象机制、类和接口等面向对象知识；最后通过结合实例，为读者介绍了Java的异常处理、实用类库、输入/输出处理、多线程编程、GUI设计、图形图像处理、数据库编程、网络编程的实践应用知识。

本书面向应用型本科学生，也可作为高职高专学生和初级程序开发者的参考用书。

版权专有　侵权必究

图书在版编目（CIP）数据

Java面向对象程序设计 / 王杉，丁磊，杨金华编著. —北京：北京理工大学出版社，2018.1（2022.6重印）
　ISBN 978-7-5682-5123-5

Ⅰ. ①J… Ⅱ. ①王…②丁…③杨… Ⅲ. ①JAVA语言-程序设计-教材 Ⅳ. ①TP312

中国版本图书馆 CIP 数据核字（2017）第 331436 号

出版发行 /	北京理工大学出版社有限责任公司
社　　址 /	北京市海淀区中关村南大街5号
邮　　编 /	100081
电　　话 /	（010）68914775（总编室）
	（010）82562903（教材售后服务热线）
	（010）68944723（其他图书服务热线）
网　　址 /	http://www.bitpress.com.cn
经　　销 /	全国各地新华书店
印　　刷 /	北京国马印刷厂
开　　本 /	787毫米×1092毫米　1/16
印　　张 /	12.5
字　　数 /	300千字
版　　次 /	2018年1月第1版　2022年6月第3次印刷
定　　价 /	34.00元

责任编辑 /	王玲玲
文案编辑 /	王玲玲
责任校对 /	周瑞红
责任印制 /	施胜娟

图书出现印装质量问题，请拨打售后服务热线，本社负责调换

Java 语言是一门很优秀的语言，具有面向对象、与平台无关、安全、稳定和多线程等优良特性，是目前软件设计中极为健壮的编程语言，不仅可以用来开发大型的应用程序，而且特别适合于 Internet 的应用开发和移动系统开发，已成为网络时代最重要的语言之一。本书面向应用型本科的学生，深入浅出地将 Java 的世界带到读者面前。

本书作为学习计算机语言的入门教材，以 Java 为例，主要讲解程序逻辑设计的相关理论和实践知识。通过对本书的学习和实践，力求使读者具备基本的程序设计能力，理解和掌握面向对象的基本概念，为今后继续学习其他计算机语言，以及学习 Java 类库使用和开发 Java 程序奠定基础。

本书围绕 Java 教学目的设计教学内容，突出理论与实际相结合，在内容的深度和广度上经过了仔细思考，对 Java 基础语法、面向对象、类等重要内容上侧重深度，而对实用类的讲解则侧重广度。

全书共分为 15 章。

第 1 章主要介绍 Java 语言产生的背景和 Java 平台，以及 Java 语言的特点。

第 2 章和第 3 章主要介绍 Java 语言的基本语法，包括基本数据类型、运算符、变量声明等。

第 4 章介绍 Java 的流程控制语句。

第 5 章介绍 Java 中的数组，以及数组的声明与使用。

第 6 章和第 7 章介绍面向对象基本思想、类与对象、类的继承与多态特性、接口，以及类的一些扩展知识。

第 8 章介绍 Java 中的包与 Java 实用类库，包括字符串类、时间日期类、数据包装类、集合类等。

第 9 章介绍 Java 中关于异常和异常处理的知识。

第 10 章介绍 Java 的输入/输出流技术，特别是如何使用流技术来访问文件。

第 11 章介绍多线程技术，并通过一些有启发的例子来帮助读者理解多线程编程。

第 12 章主要介绍 Java 的 GUI 编程，讲解了常用的组件和容器，并给出了一些例子。

第 13 章介绍 Java 中的图形图像处理。

第 14 章介绍 JDBC 技术，包括 Java 中怎样操作数据库，讲解了预处理等重要知识。

第 15 章介绍 Java 在网络编程中的一些重要概念，包括 URL、Socket、UDP 等。

总的来说，本书贯彻以"学生为本"的基本思想，本着"必需，够用"的基本原则，力求体现"教、学、做"一体的教学模式,以适应应用型本科教育人才培养规格的需要。主要是面向应用型本科学生,也可作为高职高专学生和初级程序开发者的参考用书。

本书由王杉、丁磊、杨金华编写。其中,王杉和丁磊负责全书体系构架、内容选择;王杉编写了第6～12章;丁磊编写了第1～5、14章;杨金华编写了第13、15章,并负责全书的校对工作。

希望本书能对读者学习Java有所帮助,并请业界同行和读者朋友能给予批评指正,使本书能得到改进和完善。

编　者
2017年7月

目　录

第 1 章　Java 概述 ... 1
1.1　什么是 Java ... 1
1.2　Java 语言的特点与用处 ... 3
1.2.1　Java 语言的特点 ... 3
1.2.2　Java 语言的用处 ... 4
1.3　Java 语言的体系结构 JVM ... 4
1.4　Java 的运行环境与开发环境 ... 5
1.4.1　Java 的运行环境 JDK ... 5
1.4.2　Java 的开发环境 Eclipse ... 6

第 2 章　Java 应用程序入门 ... 8
2.1　第一个 Java 程序：打印一行文字（输出） ... 8
2.1.1　键入程序 ... 8
2.1.2　编译程序 ... 8
2.1.3　详细讨论第 1 个示例程序 ... 9
2.2　修改第一个程序（加入输入与多行输出） ... 11
2.3　标识符和关键字 ... 12
2.3.1　标识符 ... 12
2.3.2　关键字 ... 12
2.4　分隔符 ... 13
2.4.1　注释符 ... 13
2.4.2　空白符 ... 13
2.4.3　普通分隔符 ... 13
2.5　语句、空格和块 ... 13

第 3 章　Java 语法基础 ... 15
3.1　数据类型 ... 15
3.1.1　基本数据类型 ... 15
3.2　变量 ... 18
3.2.1　声明一个变量 ... 18
3.2.2　动态初始化 ... 18
3.2.3　变量的作用域和生存期 ... 19

- 3.3 常量 ·· 20
- 3.4 运算符 ·· 20
  - 3.4.1 算术运算符 ······································ 20
  - 3.4.2 赋值运算符 ······································ 22
  - 3.4.3 比较运算符 ······································ 22
  - 3.4.4 逻辑运算符 ······································ 23
  - 3.4.5 位运算符 ·· 24
  - 3.4.6 移位运算符 ······································ 25

第 4 章 流程控制语句 ······································ 26
- 4.1 条件语句 if ·· 26
- 4.2 开关语句 switch ·· 29
- 4.3 循环语句 ·· 30
  - 4.3.1 while 语句 ······································· 30
  - 4.3.2 do while 语句 ···································· 31
  - 4.3.3 for 循环 ··· 32
- 4.4 跳转语句 break、continue 和 return ····················· 34
  - 4.4.1 break 语句 ······································· 34
  - 4.4.2 continue 语句 ···································· 34
  - 4.4.3 return 语句 ······································ 35
- 4.5 程序控制语句任务实例 ·································· 36

第 5 章 数组 ·· 37
- 5.1 数组的基本概念 ·· 37
- 5.2 一维数组 ·· 38
  - 5.2.1 一维数组的声明与创建 ····························· 38
  - 5.2.2 一维数组的使用 ··································· 39
- 5.3 二维数组 ·· 40
  - 5.3.1 二维数组的声明与创建 ····························· 40
  - 5.3.2 二维数组的使用 ··································· 41
- 5.4 Java 中的 Arrays 类 ···································· 41

第 6 章 面向对象编程基础 ·································· 43
- 6.1 面向对象编程基本思想 ·································· 43
  - 6.1.1 面向对象编程的基本概念 ··························· 43
  - 6.1.2 面向对象编程的核心是抽象 ························· 44
  - 6.1.3 面向对象编程的三大特性 ··························· 45
  - 6.1.4 面向对象编程的优点 ······························· 46
- 6.2 类的基本概念及组成 ···································· 47

6.2.1 类基础 ·················· 47
6.2.2 类的组成与声明 ·················· 47
6.3 进一步讨论方法 ·················· 50
6.3.1 方法的返回值 ·················· 50
6.3.2 消息传递 ·················· 50
6.3.3 方法重载 ·················· 51
6.4 类的实例化与构造方法 ·················· 51
6.4.1 类的实例化 ·················· 51
6.4.2 类的构造方法与对象初始化 ·················· 52
6.4.3 构造方法的重载 ·················· 53
6.5 类及成员修饰符 ·················· 53
6.5.1 访问性修饰符 ·················· 53
6.5.2 功能性修饰符 ·················· 55
6.6 类和对象任务实例 ·················· 56

第7章 类的继承与多态 ·················· 58

7.1 类的继承性 ·················· 58
7.1.1 子类对基类的继承 ·················· 58
7.1.2 成员的访问和继承 ·················· 59
7.1.3 关于继承的更实际的例子 ·················· 59
7.2 成员隐藏和方法重写 ·················· 60
7.2.1 成员的隐藏 ·················· 60
7.2.2 方法的重写 ·················· 60
7.2.3 重写与重载的区别 ·················· 61
7.3 super 与 this ·················· 61
7.3.1 使用 super 调用基类构造函数 ·················· 61
7.3.2 使用 Super 访问被子类的成员隐藏的基类成员 ·················· 62
7.4 创建多级类层次 ·················· 62
7.5 使用抽象类 ·················· 63
7.6 接口 ·················· 64
7.6.1 接口的声明与使用 ·················· 64
7.6.2 接口与多态 ·················· 65
7.6.3 接口的继承关系 ·················· 65
7.6.4 一个更实际的接口例子 ·················· 66
7.6.5 抽象类与接口的比较 ·················· 67

第8章 包与Java标准类库 ·················· 69

8.1 包 ·················· 69
8.1.1 定义包 ·················· 69

        8.1.2 包的引用 ·· 70
        8.1.3 Java 的标准类库包 ································· 71
    8.2 字符串类 ·· 72
        8.2.1 字符串与字符串类 ································· 72
        8.2.2 String 类 ·· 72
        8.2.3 StringBuffer 类 ····································· 76
    8.3 数据类型包装器类 ·· 77
        8.3.1 包装器类 ··· 77
        8.3.2 包装器类的方法 ···································· 78
    8.4 Math 类与 Random 类 ······································ 79
        8.4.1 Math 类 ·· 79
        8.4.2 Random 类 ·· 80
    8.5 时间日期实用工具类 ··· 81
        8.5.1 Date 类 ··· 81
        8.5.2 Calendar 类 ·· 82
        8.5.3 DateFormat 类 ······································ 83
    8.6 集合类 ··· 83
        8.6.1 集合接口 ··· 84
        8.6.2 实现 List 接口的类 ································· 85
        8.6.3 实现 Set 接口的类 ·································· 87
        8.6.4 通过迭代接口访问集合类 ······················· 89
        8.6.5 映射接口 ··· 90
        8.6.6 实现 Map 接口的类 ································ 92

第 9 章 Java 中的异常处理 ·· 94
    9.1 异常处理基础 ·· 94
        9.1.1 异常处理机制 ······································· 94
        9.1.2 异常的类层次 ······································· 95
        9.1.3 异常发生的原因 ···································· 97
    9.2 Java 的异常处理过程 ·· 97
        9.2.1 声明异常 ··· 97
        9.2.2 抛出异常 ··· 97
        9.3.3 捕获异常 ··· 98
    9.3 创建自己的异常子类 ··· 99

第 10 章 输入/输出处理 ·· 102
    10.1 流的概念与分类 ·· 102
        10.1.1 流的概念与作用 ··································· 102
        10.1.2 流的分类 ·· 103

10.2 控制台输入/输出流 ··· 105
   10.2.1 控制台输入 ··· 105
   10.2.2 控制台输出 ··· 106
10.3 使用字节流读写文件 ··· 107
   10.3.1 File 类 ·· 107
   10.3.2 文件字节流读写文件 ··· 109
10.4 使用字符流读写文件 ··· 110
   10.4.1 字符流读写文件 ·· 111
   10.4.2 BufferedReader 类和 BufferedWriter 类 ············ 111
10.5 对象序列化 ··· 112
   10.5.1 序列化和反序列化 ·· 112
   10.5.2 序列化的实现 ··· 112

第 11 章　Java 多线程 ··· 114

11.1 Java 线程与创建 ·· 114
   11.1.1 线程的概念 ··· 114
   11.1.2 创建 Java 线程 ·· 115
11.2 Java 线程模型 ·· 116
   11.2.1 线程的状态与生命周期 ·· 116
   11.2.2 线程的调度和优先级 ·· 118
11.3 主线程与创建多线程 ··· 119
   11.3.1 主线程 ·· 119
   11.3.2 创建多线程 ··· 120
11.4 线程的操作 ··· 120
   11.4.1 isAlive( )和 join( )方法 ·· 120
   11.4.2 yield( )方法 ·· 121
   11.4.3 线程终止与 interrupt( )方法 ································ 122
   11.4.4 wait( )与 notify( )方法 ··· 124
11.5 线程的互斥与同步 ·· 124
   11.5.1 线程的互斥 ··· 124
   11.5.2 线程的同步 ··· 125

第 12 章　GUI 程序设计 ··· 127

12.1 Java GUI 基础 ·· 127
   12.1.1 Swing 与 AWT ·· 127
   12.1.2 Java GUI 层次体系 ··· 128
12.2 基于 Swing 的 GUI 设计 ·· 130
   12.2.1 框架 JFrame ··· 131
   12.2.2 面板 JPanel ··· 132

12.2.3　常见 GUI 组件 ··133
12.3　Java GUI 的界面布局设计 ··139
　　12.3.1　流式布局（FlowLayout）··140
　　12.3.2　边界布局（BorderLayout）··140
　　12.3.3　网格布局（GridLayout）··141
　　12.3.4　卡片布局（CardLayout）··141
12.4　GUI 中的事件处理机制 ··142
　　12.4.1　委托事件机制模型 ··143
　　12.4.2　事件类 ··144
　　12.4.3　事件源 ··147
　　12.4.4　事件监听接口 ··148
　　12.4.5　使用委托事件处理机制 ··150
12.5　高级 Swing 组件 ··152
　　12.5.1　菜单 ··153
　　12.5.2　工具栏 JToolBar ··155
　　12.5.3　树形组件 JTree ··156
　　12.5.4　表格组件 JTable ··157

第 13 章　Java 与图形 ··159

13.1　Graphics 类 ··159
　　13.1.1　画线段 ··159
　　13.1.2　画矩形 ··159
　　13.1.3　绘制圆和椭圆 ··161
　　13.1.4　绘制弧形 ··161
　　13.1.5　绘制多边形 ··161
13.2　Image 类 ··162
　　13.2.1　创建图像对象 ··162
　　13.2.2　显示图像 ··162

第 14 章　Java 中的数据库操作 ··164

14.1　了解 JDBC ··164
　　14.1.1　什么是 JDBC ··164
　　14.1.2　JDBC 数据库设计模型 ··165
　　14.1.3　JDBC 安全性 ··166
　　14.1.4　JDBC 的内容 ··166
14.2　JDBC 的应用 ··168
　　14.2.1　初步认识 MySQL ··168
　　14.2.2　MySQL 的安装与配置 ··168
　　14.2.3　加载驱动程序 ··174

  14.2.4 建立连接 ……………………………………………………………………… 176

  14.2.5 查询数据 ……………………………………………………………………… 176

  14.2.6 数据的改变 …………………………………………………………………… 177

第 15 章 Java 的网络通信 …………………………………………………………………… 180

 15.1 URL 类与 URLConnection ……………………………………………………………… 180

  15.1.1 URL 类 ………………………………………………………………………… 181

  15.1.2 URLConnection 类 …………………………………………………………… 182

  15.1.3 单线程下载器实例 …………………………………………………………… 182

 15.2 InetAddress 类 ………………………………………………………………………… 183

 15.3 Socket 通信 ……………………………………………………………………………… 183

  15.3.1 基于 TCP 协议的 Socket 通信 ……………………………………………… 184

  15.3.2 基于 UDP 的网络通信 ……………………………………………………… 186

参考文献 ……………………………………………………………………………………………… 188

第1章 Java 概述

> **学习目标**
>
> 在本章中将学习以下内容：
> - 什么是 Java
> - Java 语言的特点与用处
> - Java 语言的体系结构（JVM）
> - Java 的运行环境与开发环境

1.1 什么是 Java

  Java 是一种功能强大的面向对象的编程语言，它不仅吸收了 C++语言的各种优点，还摒弃了 C++中难以理解的多继承、指针等概念，因此 Java 语言不仅初学者乐于使用，其也适合有经验的程序员构建实际的信息系统。

  Java 是怎么出现并且发展至今的呢？20 世纪 90 年代，硬件领域出现了单片式计算机系统，这种价格低廉的系统一出现，就立即引起了自动控制领域人员的注意，因为使用它可以大幅度提升消费类电子产品（如电视机顶盒、面包烤箱、移动电话等）的智能化程度。Sun 公司为了抢占市场先机，在 1991 年成立了一个称为 Green 的项目小组，由帕特里克（Patrick Haughton）、詹姆斯·高斯林（James Gosling）、麦克·舍林丹和其他几个工程师一起组成，工作小组在加利福尼亚州门洛帕克市沙丘路的一个小工作室里研究开发新技术，专攻计算机在家电产品上的嵌入式应用。

  该项目组的研究人员首先考虑采用 C++来编写程序，但对于硬件资源极其匮乏的单片式系统来说，C++程序过于复杂和庞大。另外，由于消费电子产品所采用的嵌入式处理器芯片的种类繁杂，如何让编写的程序跨平台运行也是个难题。为了解决困难，他们首先着眼于语言的开发。Sun 公司研发人员并没有开发一种全新的语言，而是根据嵌入式软件的要求，对 C++进行了改造，去除了 C++中的一些不太实用及影响安全的成分，并结合嵌入式系统的实时性要求，开发了一种称为 Oak（橡树）的面向对象语言。

  在开发 Oak 语言时，为了对这种语言进行实验研究，他们就在已有的硬件和软件平台基础上，按照自己所指定的规范，用软件建设了一个运行平台，整个系统除了比 C++更加简单之外，没有什么大的区别。1992 年的夏天，当 Oak 语言开发成功后，研究者们向硬件生产商演示了 Green 操作系统，以及 Oak 的程序设计语言、类库和其硬件，以说服他们使用 Oak 语言生产硬件芯片，但是，硬件生产商并未对此产生极大的热情，因为他们认为，在所有人对

Oak 语言还一无所知的情况下，就生产硬件产品的风险实在太大了，所以 Oak 语言也就因为缺乏硬件的支持而无法进入市场，从而被搁置了下来。

1995 年，互联网的蓬勃发展给了 Oak 机会。业界为了使死板、单调的静态网页能够"灵活"起来，急需一种软件技术来开发一种程序，这种程序可以通过网络传播并且能够跨平台运行。于是，世界各大 IT 企业为此纷纷投入了大量的人力、物力和财力。这个时候，Sun 公司想起了那个被搁置很久的 Oak，并且重新审视了那个用软件编写的试验平台。由于它是按照嵌入式系统硬件平台体系结构编写的，所以非常小，特别适用于网络上的传输系统，而 Oak 也是一种精简的语言，程序非常小，适合在网络上传输。Sun 公司首先推出了可以嵌入网页并且可以随同网页在网络上传输的 Applet（Applet 是一种将小程序嵌入网页中进行执行的技术），并将 Oak 更名为 Java（在申请注册商标时，发现 Oak 已经被人使用了，在想了一系列名字之后，最终，使用了提议者在喝一杯爪哇（Java）咖啡时无意提到的 Java 词语，所以现在看到的 Java 的图标是一杯热腾腾的咖啡的样子）。5 月 23 日，Sun 公司在 Sun World 会议上正式发布 Java。

1996 年 1 月，Sun 公司发布了 Java 的第一个开发工具包（JDK 1.0），这是 Java 发展历程中的重要里程碑，标志着 Java 成为一种独立的开发工具。10 月，Sun 公司发布了 Java 平台的第一个即时编译器（JIT）。

1997 年 2 月，JDK 1.1 面世，在随后的 3 周时间里，达到了 22 万次的下载量。

1998 年 12 月 8 日，第二代 Java 平台的企业版 J2EE 发布。1999 年 6 月，Sun 公司发布了第二代 Java 平台（简称为 Java 2）的 3 个版本：J2ME（Java 2 Micro Edition，Java 2 平台的微型版），应用于移动、无线及有限资源的环境；J2SE（Java 2 Standard Edition，Java 2 平台的标准版），应用于桌面环境；J2EE（Java 2 Enterprise Edition，Java 2 平台的企业版），应用于基于 Java 的应用服务器。Java 2 平台的发布，是 Java 发展过程中最重要的一个里程碑，标志着 Java 的应用开始普及。

2000 年 5 月，JDK 1.3、JDK 1.4 和 J2SE 1.3 相继发布，几周后其获得了 Apple 公司 Mac OS X 的工业标准的支持。2001 年 9 月 24 日，J2EE 1.3 发布。2002 年 2 月 26 日，J2SE 1.4 发布，自此，Java 的计算能力有了大幅提升，与 J2SE 1.3 相比，其多了近 62%的类和接口。

2005 年 6 月，在 Java One 大会上，Sun 公司发布了 Java SE 6。此时，Java 的各种版本已经更名，已取消其中的数字 2，如 J2EE 更名为 Java EE，J2SE 更名为 Java SE，J2ME 更名为 Java ME。

2006 年 11 月 13 日，Java 技术的发明者 Sun 公司宣布，将 Java 技术作为免费软件对外发布。Sun 公司正式发布了有关 Java 平台标准版的第一批源代码，以及 Java 迷你版的可执行源代码。从 2007 年 3 月起，全世界所有的开发人员均可对 Java 源代码进行修改。

2009 年，Oracle 公司宣布收购 Sun 公司。2010 年，Java 编程语言的共同创始人之一詹姆斯·高斯林从 Oracle 公司辞职。2011 年，Oracle 公司举行了全球性的活动，以庆祝 Java 7 的推出，随后 Java 7 正式发布。

2014 年，Oracle 公司发布了 Java 8 正式版。

1.2 Java语言的特点与用处

1.2.1 Java语言的特点

Java作为一种面向对象的程序设计语言，它的特点是非常显著的：

1. 结构简单

Java语言的程序构成与C语言及C++语言的类似，但是Java语言摒弃了C语言和C++语言的复杂、不安全特性，例如指针的操作和内存的管理。此外，Java语言提供了种类丰富、功能强大的类库，提高了编程效率。

2. 面向对象

Java是面向对象的编程语言。面向对象的技术较好地适应了仿软件开发过程中新出现的种种传统面向过程语言所不能处理的问题，包括软件开发的规模扩大、升级加快、维护量增大，以及开发分工日趋细化、专业化和标准化等。它是一种迅速成熟、推广的软件开发方法。

在现实世界中，任何实体都可以看作是一个对象，对象具有状态和行为两大特征。在Java语言中，编程没有采用传统的以过程为中心的方法，而是使用以对象为中心，通过对象之间的调用来完成程序的编写，达到解决问题的目的。

3. 平台无关

使用Java语言编写的应用程序不需要进行任何修改，就可以在不同的软、硬件平台上运行。这主要是通过Java虚拟机（JVM）来实现的。现在，Java运行系统可以安装在多个软硬件系统平台上，例如，UNIX系统、Windows系统等。

4. 可靠性

因为Java最初设计的目的是应用于电子类家庭消费产品，所以要求具有较高的可靠性。例如，Java语言提供了异常处理机制，有效地避免了因程序编写错误而导致的死机现象。

5. 安全性

对网络上应用程序的另一个需求是较高的安全性。用户通过网络获取在本地运行的应用程序必须是可信赖的，不会充当病毒或其他恶意操作的传播者去攻击用户本地的资源。同时，它还应该是稳定的，轻易不会产生死机现象或其他错误，使用户可以放心使用。

现今的Java语言主要用于网络应用程序的开发，因此对安全性有很高的要求。如果没有安全保证，用户运行从网络下载的Java语言应用程序是十分危险的。Java语言通过使用编译器和解释器，在很大程度上避免了病毒程序的产生和网络程序对本地系统的破坏。

Java去除了C++中易造成错误的指针，增加了自动内在管理等措施，保证了Java程序运行的可靠性。

使用Java语言不必担心引起编程错误的许多最常见的问题。因为Java是一种严格的语言，它不但在编译时检查代码，而且在运行时也检查代码。事实上，在运行时经常碰到的难以实现的、难以跟踪的许多错误在Java中几乎是不可能产生的。

6. 多线程

线程是指在一个程序中可以同时执行多个简单任务。线程也被称为轻量过程，是一个传统大进程里分出来的独立的可并发执行的单位。C语言和C++语言采用线程体系结构，而Java

语言支持多线程技术。

多线程是当今软件技术的又一重要成果,已成功地应用在操作系统、应用开发等多个领域。多线程技术允许同一个程序有两个执行线索,即同时做两件事情,满足了一些复杂软件的需求。Java 不但内置多线程功能,而且提供语言级的多线程支持,即定义了一些用于建立、管理多线程的类和方法,使得开发具有多线程功能的程序变得简单、容易和有效。

1.2.2　Java 语言的用处

根据开发需求的不同,Java 可以用来开发多种应用,目前主要使用 Java 语言开发下面几种。

1. 开发应用程序(Java Application)

独立的 Java 应用程序。其中按人机交互的方式又分为控制台应用程序和窗体应用程序。

2. Java Applet

Java 小应用程序,通常在用户浏览器中运行。Applet 是嵌入 HTML 中的小应用程序,但 Java 语言的全部功能都可以实现,能解决一些传统编程语言很难解决的问题,如多线程、网络连接、分布式计算等。

3. Java Servlet

Java 服务器小程序,实质上是一个 Java 类,运行于 Web 服务器端,接受客户端的请求,并自动生成动态网页返回到客户端。

4. JSP(Java Server Page)

一种用于生成动态网页的技术,类似于 ASP,基于 Servlet 技术,可实现程序与页面格式控制的分离。JSP 能够快速开发出基于 Web、独立于平台的应用程序。JSP 程序同样运行于 Web 服务器端。

5. Java Bean

可重用的、独立于平台的 Java 程序组件。使用相应的开发工具,可将它直接插入其他的 Java 应用程序中。

1.3　Java 语言的体系结构 JVM

在上一节提到 Java 语言的一个非常重要的特点就是与平台的无关性。使用 Java 虚拟机(Java Virtual Machine,JVM)是实现这一特点的关键。一般的高级语言如果要在不同的平台上运行,至少需要编译成不同的目标代码。引入 Java 虚拟机后,Java 语言在不同平台上运行时不需要重新编译。Java 语言使用 Java 虚拟机屏蔽了与具体平台相关的信息,使 Java 语言编译程序只需生成在 Java 虚拟机上运行的目标代码(字节码),就可以在多种平台上不加修改地运行。Java 虚拟机在执行字节码时,把字节码解释成具体平台上的机器指令执行。这就是 Java 能够"一次编译,到处运行"的原因,如图 1-1 所示。

Java 技术的核心就是 Java 虚拟机,因为所有的 Java 程序都在虚拟机上运行。Java 程序的运行需要 Java 虚拟机、Java API 和 Java Class 文件的配合。Java 虚拟机实例负责运行一个 Java 程序。当启动一个 Java 程序时,一个虚拟机实例就诞生了。当程序结束时,这个虚拟机实例也就消亡了。

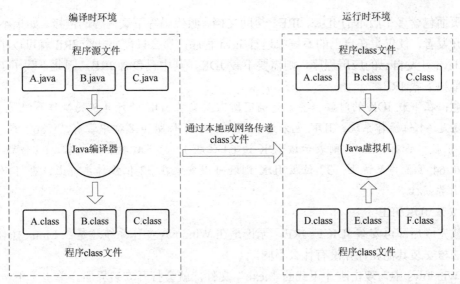

图 1-1 JVM 结构

1.4 Java的运行环境与开发环境

1.4.1 Java的运行环境JDK

开发 Java 程序需要准备 JDK 和 Eclipse，其中 JDK 的意思是 Java 开发工具包（Java Development Kit）。JDK 是整个 Java 的核心，包括了 Java 运行环境（JRE）、Java 开发工具和 Java 基础类库。

1. 下载 JDK/JRE

首先，访问 Oracle 公司的 Java SE 的下载主页（http://www.oracle.com/technetwork/java/javase/downloads/index.html），选择一个版本（目前最新版为 Java SE 8），如图 1-2 所示。

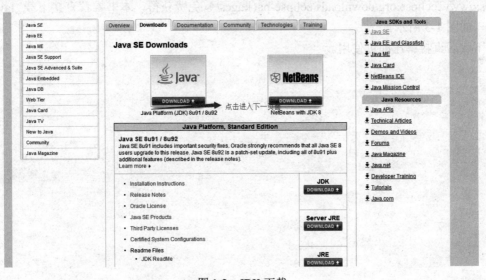

图 1-2 JDK 下载

此页面包含多个版本的 JDK、JRE、帮助文档、源代码等下载内容的链接。如果不是 Java 程序的开发者，仅仅想在自己的系统中运行 Java 程序，那么只需要一个 JRE 就可以了；如果想使用 Java 开发自己的应用程序，则需要下载 JDK，其中已包含 JRE，因此下载了 JDK 后，无须再单独下载 JRE。

注意：在下载 JDK 的时候，要首先确定所需要安装 JDK 的计算机的操作系统是 32 位操作系统还是 64 位操作系统，JDK 也分为 32 位版和 64 位版（名称中带有"i586"或"x86"的为 32 位版，带有"x64"则表示该 JDK 为 64 位版），应下载对应的版本。64 位版 JDK 只能安装在 64 位操作系统上，32 位版 JDK 则既可以安装在 32 位操作系统上，也可以安装在 64 位操作系统上。

2. 安装 JDK/JRE

下载完成后即可安装 JDK 或 JRE，无论是在 Windows 操作系统还是在 Linux 操作系统，安装方法与安装其他软件并没有什么不同。

在 Windows 中，双击刚才下载的".exe"文件，就会打开安装界面。单击"下一步"按钮，可以在此选择需要安装的组件和安装目录，窗口右侧是对所选组件的说明，包括组件功能和所需的磁盘空间；可以单击"更改"按钮来改变安装目录。单击"下一步"按钮即开始正式安装。安装完毕后，将会显示安装已完成的信息，单击"完成"按钮即可完成安装。

1.4.2 Java 的开发环境 Eclipse

可用于开发 Java 程序的工具很多，本书推荐使用著名的跨平台的集成开发环境（IDE）Eclipse。

Eclipse 最初主要用来开发 Java 语言，通过安装不同的插件，Eclipse 可以支持不同的计算机语言，比如 C++和 Python 等开发工具。Eclipse 本身只是一个框架平台，但是众多插件的支持使 Eclipse 拥有其他功能相对固定的 IDE 软件很难具有的灵活性。许多软件开发商以 Eclipse 为框架开发自己的 IDE。

Eclipse 经过多年发展，目前的最新版本是 Eclipse Oxygen（4.7），可以在 Eclipse 官网（https://www.eclipse.org/downloads/eclipse-packages/）免费获得，本书推荐直接下载 Java EE 版本，如图 1-3 所示。

下载后直接解压即可使用。

第 1 章　Java概述

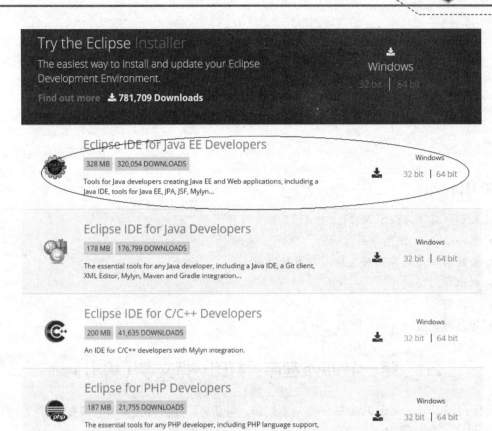

图 1-3　Eclipse 下载页面

第 2 章 Java 应用程序入门

学习目标

在本章中将学习以下内容：
- 第一个 Java 程序
- 修改第一个程序（加入输入与多行输出）
- 标识符与关键字
- 分隔符
- 语句与块

2.1 第一个 Java 程序：打印一行文字（输出）

前面已经学习了关于 Java 的一些基本知识，包括怎样配置开发环境。现在来看一个具体的 Java 程序，会发现 Java 的有趣之处。

【程序 2.1】

2.1.1 键入程序

对大多数计算机语言，包含程序源代码的文件名是任意的，而 Java 则不然。对于 Java，需要知道的第一件事就是源程序文件名。程序 2.1 中，源程序文件名应该是 Example.java。下面将解释其中的原因。

在 Java 中，一个源程序文件被称为一个编译单元（compilation unit）。它是一个包含一个或多个类定义的文本文件。Java 编译器要求源程序文件使用 .java 文件扩展名。

从上述示例程序中可以看出，程序中定义的类名也是 Example。在 Java 中，所有的代码都必须驻留在类中。按照约定，类名必须与源程序的文件名相同。应该确保文件名的大小写字母与类名一样，这是因为 Java 是区分大小写的。虽然文件名与类名必须一致的约定似乎有点专制，但是这个约定有助于轻松地维护及组织程序。

2.1.2 编译程序

在没有集成开发环境时，要编译示例程序 Example，须运行编译器程序 javac，并在命令行上指定源程序文件名，格式如下所示：

```
C:\>javac Example.java
```

编译器 javac 产生了一个名为 Example.class 的文件，该文件包含程序的字节码。前面已讨论过，Java 字节码中包含的是 Java 解释程序将要执行的指令码。因此，javac 的输出并不是可以直接运行的代码。

要真正运行该程序，必须使用名叫 java 的 Java 解释器。具体做法是把类名 Example 作为一个命令行参数输入，格式如下所示：

```
C:\>java Example
```

运行这个程序，将输出如下内容：

```
This is a simple Java program.
```

当 Java 源代码被编译后，每个单独的类都被放入自己的输出文件中，并以类的名字加".class"扩展名为其文件名。这就是 Java 源程序文件必须与其中包含的类同名的原因——源程序文件将与".class"文件相同。运行 Java 解释器实际上是指定想要解释器运行的类的名字，它会自动搜索包含该名字且带有.class 扩展名的文件。如果找到，将运行包含在该指定类中的代码。

注意：在 Eclipse 中编译程序并没有那么麻烦，要编译运行程序，只需单击工具栏里的"运行程序"即可。运行结果在下面的小框里显示。也可以直接按 F11 键编译并运行程序。

2.1.3 详细讨论第 1 个示例程序

尽管 Example.java 很短，但它包括了所有 Java 程序具有的几个关键特性。让我们仔细分析该程序的每个部分。

① 程序开始于以下几行：

```
/*
This is a simple Java program.
Call this file "Example.java".
*/
```

这是一段注释（comment）。像大多数其他的编程语言一样，Java 也允许在源程序文件中加注释。注释中的内容将被编译器忽略。事实上，注释是为了给任何阅读源代码程序的人说明或解释程序的操作。在本例中，注释对程序进行说明，并提醒该源程序的名字叫作 Example.java。当然，在真正的应用中，注释通常用来解释程序的某些部分如何工作或某部分的特殊功能。

Java 支持 3 种类型的注释。在示例程序顶部的注释称为多行注释（multiline comment）。这类注释开始于"/*"，结束于"*/"。这两个注释符间的任何内容都将被编译器忽略。正如"多行注释"名字所示，一个多行注释可以包含若干行文字。

② 程序的下一行代码如下所示：

```
class Example {
```

该行使用关键字 class 声明了一个新类。Example 是类名标识符，整个类定义（包括其所有成员）都将位于一对花括号（{}）之间。花括号在 Java 中的使用方式与在 C 或 C++中的相同，目前不必考虑类的细节，只是有一点要注意：在 Java 中，所有程序活动都发生在类内，

9

这就是为什么 Java 程序是面向对象的。

③ 下面一行程序是单行注释：

```
// Your program begins with a call to main( ).
```

这是 Java 支持的第二种类型的注释。单行注释（single-line comment）始于"//"，在该行的末尾结束。通常情况下，程序员们对于较长的注释使用多行注释，而对于简短的、一行一行的注释则使用单行注释。

④ 下一行代码如下所示：

```
public static void main(String args[ ]) {
```

该行开始于 main( )方法。正如它前面的注释所说，这是程序将要开始执行的第一行。所有的 Java 应用程序都通过调用 main( )开始执行（这一点与 C/C++一样），在此还不能对该行的每一个部分做出精确的解释，因为这需要详细了解 Java 封装性的特点。但是，由于本书中的大多数例子都用到这一行代码，因此将对各部分作简单介绍。

关键字 public 是一个访问说明符（access specifier），它允许程序员控制类成员的可见性。如果一个类成员前面有 public，则说明该成员能够被声明它的类之外的代码访问（与 public 相对的是 private，它禁止成员被所属类之外的代码访问）。在本例中，main( )必须被定义为 public 类型，因为当程序开始执行时，它需要被它的类之外的代码调用。关键字 static 允许调用 main( )，而不必先实现该类的一个特殊实例。这是必要的，因为在任何对象被创建之前，Java 解释器都会调用 main( )。关键字 void 仅通知编译器 main( )不返回任何值。方法也可以有返回值。如果这一切似乎有一点令人费解，别担心，所有这些概念都将在随后的章节中详细讨论。

前面已经介绍过，main( )是 Java 程序开始时调用的方法。请记住，Java 是区分大小写的。因此，main 与 Main 是不同的。Java 编译器也可以编译不包含 main( )方法的类，但是 Java 解释程序没有办法运行这些类。因此，如果输入了 Main 而不是 main，编译器仍将编译程序，但 Java 解释程序将报告一个错误，因为它找不到 main( )方法。要传递给方法的所有信息由方法名后面括号中指定的变量接收，这些变量称为参数（parameters）。即使一个方法不需要参数，仍然需要在方法名后面放置一对空括号。

在 main( )中，只有一个参数，即 String args[ ]，它声明了一个叫作 args 的参数，该参数是 String 类的一个实例数组（注：数组是简单对象的集合）。字符串类型的对象存储字符的串。在本例中，args 接收程序运行时显示的任何命令行参数。本例中的这个程序并没有使用这些信息，但是本书后面讲到的其他一些程序将使用它们。

该行的最后一个字符是"{"。它表示了 main( )程序体的开始。一个方法中包含的所有代码都将包括在这对花括号中间。另外，main( )仅是解释器开始工作的地方。一个复杂的程序可能包含几十个类，但这些类仅需要一个 main( )方法以供解释器开始工作。当开始引用被嵌入在浏览器中的 Java 小应用程序时，根本不用使用 main( )方法，因为 Web 浏览器使用另一种不同的方法启动小应用程序。

⑤ 接下来的代码行如下所示。请注意，它出现在 main( )内。

```
System.out.println("This is a simple Java program.");
```

本行在屏幕上输出字符串"This is a simple Java program."，输出结果后面带一个空行。输出实际上是由内置方法 println( )来实现的。在本例中，println( )显示传递给它的字符串

println( )方法也能用来显示其他类型的信息。该行代码开始于 System.out，现在对它作详细说明为时尚早，需涉及很多复杂内容。简单地说，System 是一个预定义的可访问系统的类，out 是连接到控制台的输出流。

控制台输出（输入）在实际的 Java 程序和小应用程序中并不经常使用。因为绝大多数现代计算环境从本质上讲都是窗口和图形界面的，控制台 I/O 主要被简单的实用工具程序和演示程序使用。在本书后面，将会学到用 Java 生成输出的其他方法。但是目前，将继续使用控制台 I/O 方法。

请注意，println( )语句以一个分号结束。在 Java 中，所有的语句都以一个分号结束。该程序的其他行没有以分号结束，这是因为从技术上讲，它们并不是程序语句。程序中的第一个"}"号结束了 main( )，而最后一个"}"号结束类 Example 的定义。

2.2 修改第一个程序（加入输入与多行输出）

修改一下上面的程序，使程序可以响应用户输入并且能够将用户输入的内容输出。

【程序 2.2】

在上一节详细介绍过的语句这里就不再赘述了，让我们来看一看改变的程序。

① 改变的程序的第一行代码如下所示：

```
String str[ ] = new String[2];
```

本行是声明一个名为 str 的字符串数组，数组的长度为 2，关于数组和字符串的知识，将会在后面的章节详细讲解。

② 下一行代码如下所示：

```
for(int i=0; i<2; i++)
```

本行是开始一个循环结构，循环的次数是 2。循环语句可以使循环语句块中的语句反复执行，本循环使下面的语句反复执行 2 次。

③ 下一行代码如下所示：

```
str[i] = readUserInput("请输入您的年龄：");
```

本行是在控制台提示一段文字"请输入您的年龄"，然后等待用户输入具体年龄，再将用户输入的具体数据赋值给字符串数组 str。

④ 下两行代码如下所示：

```
System.out.println("您输入的是：" + str[0]);
System.out.println("您输入的是：" + str[1]);
```

这两行代码在第一段演示程序已经出现过，它们的含义是在屏幕上输出字符串，只不过和第一段演示程序的区别是：并不是直接输出固定的字符串，而是输出在字符串数组 str 中存储的字符串，字符串数组中的文字则是由用户输入的。

2.3 标识符和关键字

2.3.1 标识符

标识符（Identifier）是用来标识类名、变量名、方法名、数组名和文件名的有效字符序列。即，标识符就是名字。

标识符规则：必须以字母、下划线、"$"或汉字开头，后面的字符可以是字母、数字、下划线、"$"和汉字的一串字符。

说明：

① 不能是 Java 保留的关键字；

② 常量名一般用大写字母，变量名用小写字母，类名以大写字母开始；

③ 区分大小写，如 ad、Ad、aD、Da 是四个不同的标识名。

例如，下列命名是合法的：bicycle_1、_$4car、$ph、Girl。

严格来说，Java 源程序是由 16 位 Unicode 字符组成的，含有 65 535 个字符，而不是由 8 位 ASCII 字符组成，这意味着可以使用汉字来当标识符。

【程序 2.3】

以上这段程序将在屏幕上打印字符串"李丽"。

2.3.2 关键字

关键字（Keyword）或保留字（Reserved word）就是 Java 语言中已经被赋予特定意义的一些单词。不可以把这类词作为标识符来用。表 2-1 列出了一些 Java 中的关键字，在以后的标识符使用中绝不可使用。

表 2-1 Java 关键字

abstract	do	implements	private	this	goto
boolean	double	import	protected	throw	const
break	else	instanceof	public	throws	assert
byte	extends	int	return	transient	
case	false	interface	short	true	
catch	final	long	static	try	
char	finally	native	strictfp	void	
class	float	new	super	volatile	
continue	for	null	switch	while	
default	if	package	synchronized		

在 1.4 版本中加了 assert 关键字后，共 52 个关键字（关键字是在 Java 语言中有固定含义的标识符），其中 goto 和 const 虽然是关键字，但目前还未用于 Java 语言中，但它们不能作为一般的标识符使用。

2.4 分 隔 符

2.4.1 注释符

（1）//
注释一行，以"//"开始，终止于行尾。一般作单行注释，可放在语句的后面。
（2）/*……*/
注释一行或多行，以"/*"开始，最后以"*/"结束，中间可写多行。
（3）/**……*/
以"/**"开始，最后以"*/"结束，中间可写多行。这种注释主要是为支持 JDK 工具 Javadoc 而采用的。

2.4.2 空白符

如空格、回车、换行和制表符（Tab 键）。系统编译程序时，只用空白符区分各种基本成分，然后忽略它。

2.4.3 普通分隔符

① "."点号：用于分隔包、类或分隔引用变量中的变量和方法；
② ";"分号：Java 语句结束的标志；
③ ":"冒号：说明语标号；
④ "{ }"大括号：用来定义复合语句、方法体、类体及数组的初始化；
⑤ "[ ]"方括号：用来定义数组类型及引用数字的元素值；
⑥ "( )"圆括号：用于在方法定义和访问中将参数列表括起来，或定义运算的先后次序。

2.5 语句、空格和块

① Java 中的语句（Statement）均以分号结束，例如：byte aa;。
② 在 Java 中，可以在源程序中使用适当的空格，一个空格和多个空格的含义相同。一个常见的错误是，用空格去隔开一个完整的标识符。例如：String myFirst name="Jerry";，在本例中，空格是不允许出现的。
③ 花括号中的所有语句组成了一个块或语句块。
④ Java 中的语句分为说明性语句和操作性语句。说明性语句包括类定义、变量定义、包引用等；操作性语句包括运算式、流程控制语句等。

程序实作题

① 编写一个应用程序,在屏幕上输出"欢迎来到 Java 世界!"。

② 编写一个应用程序,将数字 1~4 显示在同一行中,每两个数字之间用一个空格分开。分别使用以下技术来编写程序:

a. 用一个 System.out.println 语句。

b. 用四个 System.out.print 语句。

③ 编写一个应用程序,用星号输出一个矩形和一个箭头,如图 2-1 所示。

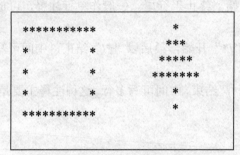

图 2-1 输出结果

14

第 3 章 Java 语法基础

学习目标

在本章中将学习以下内容：
- Java 中的数据类型
- 变量与常量
- 运算符

3.1 数 据 类 型

Java 要求在程序中使用任何变量之前必须先声明其数据类型。

Java 的数据类型分为：

◇ 基本类型：integer（整型）、floating（浮点型）、character（字符型）、boolean（布尔型）。例如员工的婚姻状况，可用 boolean 型储存真和假；员工的编号可用 short 存储，工资可用 int 储存；国家的人口可用 long 型储存；价格用 float 储存；String 储存员工的姓名。

◇ 数组类型：一维数组和多维数组。

◇ 复合类型：类、接口。

其中的数组类型与复合类型又称为引用类型。

3.1.1 基本数据类型

基本数据类型见表 3-1。

表 3-1 Java 中的基本数据类型

说明	类型	位长	默认值	取值范围
布尔型	boolean	1	false	true，false
字节型	byte	8	0	$-128 \sim 127$
字符型	char	16	'\u0000'	'\u0000' ～ '\uffff'，即 $0 \sim 65\,535$
短整型	short	16	0	$-32\,768 \sim 32\,767$
整型	int	32	0	$-2^{31} \sim 2^{31}-1$
长整型	long	64	0	$-2^{63} \sim 2^{63}-1$
单精度浮点型	float	32	0.0	$\pm 1.4\text{E}-45$ 或 $\pm 3.402\,823\,5\text{E}+38$
双精度浮点型	double	64	0.0	$\pm 4.9\text{E}-324$ 或 $\pm 1.797\,693\,134\,862\,315\text{E}+308$

表 3-1 列出了 Java 中的基本数据类型：
① 一般情况下，没小数点的数是 int 型，有小数点的数是 double 型。
② String（字符串）型，如"合肥""I am student"。
③ Java 的 char 类型采用 Unicode（国际编码标准）的新字符处理方式，即大字符编码方案，汉字和字母均看作一个字符，占两个字节。
④ Java 程序中定义的变量若没有赋初值，取默认值。
下面将详细介绍各个数据类型变量的声明。

1. 整型变量及其声明

整型数据类型有：byte（8 位）、short（16 位）、int（32 位）、long（64 位），共 4 种。
取值范围：
byte：$-128 \sim 127$（$-2^7 \sim 2^7-1$）
short：$-32\,768 \sim 32\,767$（$-2^{15} \sim 2^{15}-1$）。
int：$-2\,147\,483\,648 \sim 2\,147\,483\,647$（$-2^{31} \sim 2^{31}-1$）。
long：$-9\,223\,372\,036\,854\,774\,808 \sim 9\,223\,372\,036\,854\,774\,807$（$-2^{63} \sim 2^{63}-1$）。

声明一个整型变量的形式如下：

```
byte a;
byte a=1;
int b;
int b=2;
short c;
short c=3
long d;
long d=4
```

在声明变量时，需要注意三点：
① 如果在函数中声明一个变量，那么在使用这个变量前，它必须被赋值。
② 整型变量的缺省类型是 int 型，这意味着如果写了如下的语句：

```
byte a=3;
byte b=4;
byte c=a+b;
```

将会报编译错误，因为表达式 a+b 的缺省类型是 int 型，不能把 int 型变量直接赋值给 byte 型变量，也就是说，不能把取值范围大的变量直接赋值给取值范围小的变量，这里不能 downcasting（直接向下造型，也称自动类型转换），除非 casting（强制类型转换）。
譬如：

```
byte c=(byte)(a+b);
```

③ 如果声明了变量但没有使用变量，那么可以不给变量赋值。
下面介绍数据类型的转换。数据类型转换分为自动类型转换和强制类型转换。
（1）自动类型转换
整型、浮点型、字符型数据可以混合运算。在执行运算时，不同类型的数据先转化为同一类型，然后进行运算。转换从低级到高级的顺序为：

```
short 或 byte → int → long → float → double
                ↑
                char
```

（2）强制类型转换

高级数据要转换成低级数据，需用强制类型转换，格式为：

（数据类型）数据　或　（数据类型）（表达式）

例如：byte a=2;　　　　　　int m=39;
　　　byte b=3;　　　　　　int n=10;
　　　byte c=(byte)(a+b);　　int x=(int)(m/n);

2. 浮点型变量及其声明

浮点型有 float（32 位）和 double（64 位）两种类型，分别叫作单精度和双精度，它们的取值范围分别为：

$-3.402\,823 \times 10^{38} \sim 3.402\,823 \times 10^{38}$

$-1.797\,693\,134\,862\,32 \times 10^{308} \sim 1.797\,693\,134\,862\,32 \times 10^{308}$

在这里要注意以下两点：

① 浮点型变量的缺省类型为 double 型，这意味着如下的代码：

```
float a=10.0;
```

将会产生编译错误，因为把 double 型变量直接赋值给取值范围比它狭窄的 float 型变量。但有一个例外：两个 float 型变量相互运算后，可以赋值给 float 型变量，譬如：

```
float a = 10.0f;
float b = 23.3f;
float c = a + b;
```

② 在声明 float 型变量并赋初值时，要在数值后加上 f，否则将编译错。

```
float d=12.0f;
```

3. 字符型变量及其声明

字符型变量表示单个 16 位 Unicode 字符，所以它的取值范围为 $0 \sim 2^{16}-1$。要表示字母和数字，可以用单引号括起来，如'a'，而声明一个字符型变量的格式如下：

```
char onechar;
```

在声明字符型变量并同时赋值时，用如下格式：

```
char onechar = '2';
```

在转义系列字符的表示上，要注意斜杠的应用，譬如：'\t'表示制表符。

另外，可以用整数表示一个 char 型变量的值，譬如：

```
char c = 66;
```

表示字母 B，也就是说，B 字母的字面值是：66。

4. 布尔型变量及其声明

布尔型数值只有两个：true 和 false。

声明布尔型数值的格式如下：

```
boolean judge;
boolean judge = false;
```

值得注意的是，true 和 false 是 Java 关键字，它们全是小写，否则编译错。因为 Java 是大小写敏感的语言。

例子：对基本数据类型进行初始化：

【程序 3.1】

3.2 变　　量

在上一节讨论了数据类型，也涉及了变量的定义，接下来详细介绍变量的概念。

变量是 Java 程序的一个基本存储单元。变量由一个标识符、类型及一个可选初始值的组合定义。此外，所有的变量都有一个作用域，定义变量的可见性、生存期。接下来进一步讨论变量的这些元素。

3.2.1 声明一个变量

在 Java 中，所有的变量必须先声明再使用。基本的变量声明方法如下：

```
type identifier [ = value][, identifier [= value] ...] ;
```

type 是 Java 的基本类型之一，或是类及接口类型的名字。标识符（identifier）是变量的名字，指定一个等号和一个值来初始化变量。请记住初始化表达式必须产生与指定的变量类型一样（或兼容）的变量。声明指定类型的多个变量时，使用逗号将各变量分开。

以下是各种变量声明的例子。注意有一些包括了初始化。

```
int a, b, c;                  // 声明 3 个整型变量，a、b 和 c
int d = 3, e, f = 5;          // 声明 3 个整型变量，并初始化 d 赋值 3，f 赋值 5
byte z = 22;                  // 声明 1 个整型变量 z，并初始化赋值 22
double pi = 3.141 59;         // 声明 1 个双精度浮点 pi，并初始化赋值 3.141 59
char x = 'x';                 // 声明一个字符型变量，并初始化赋值 'x'
```

选择的标识符名称没有任何表明它们类型的东西。Java 允许任何合法的标识符具有任何它们声明的类型。

3.2.2 动态初始化

尽管前面的例子仅将字面量作为其初始值，Java 也允许在变量声明时使用任何有效的表达式来动态地初始化变量。

例如，下面的短程序在给定直角三角形两个直角边长度的情况下，求其斜边长度。

【程序 3.2】

这里定义了 3 个局部变量：a、b、c。前两个变量 a 和 b 初始化为常量。然而直角三角形的斜边 c 被动态地初始化（使用勾股定理）。该程序用了 Java 另外一个内置的方法 sqrt( )，它是 Math 类的一个成员，计算它的参数的平方根。这里关键的一点是初始化表达式可以使用任何有效的元素，包括方法调用、其他变量或字面量。

3.2.3 变量的作用域和生存期

到目前为止，使用的所有变量都是在方法 main( )的后面声明的。然而，Java 允许变量在任何程序块内声明。前面已解释过了，程序块包括在一对大括号中。一个程序块定义了一个作用域（scope）。这样，每次开始一个新块，就创建了一个新的作用域。可能从先前的编程经验知道，一个作用域决定了哪些对象对程序的其他部分是可见的，它也决定了这些对象的生存期。

大多数其他计算机语言定义了两大类作用域：全局和局部。然而，这些传统型的作用域不适合 Java 的严格的面向对象的模型。当然，将一个变量定义为全局变量是可行的，但这是例外而不是规则。Java 中，两个主要的作用域是通过类和方法定义的。尽管类的作用域和方法的作用域的区别是人为划定的，但是类的作用域有若干独特的特点和属性，并且这些特点和属性不能应用到方法定义的作用域，这些差别还是很有意义的。到现在为止，将仅仅考虑由方法或在一个方法内定义的作用域。

方法定义的作用域以它的左大括号开始。但是，如果该方法有参数，那么它们也被包括在该方法的作用域中。本书在第 6 章将进一步讨论参数，因此，现在可认为它们与方法中其他变量的作用域一样。

作为一个通用规则，在一个作用域中定义的变量对于该作用域外的程序是不可见（访问）的。因此，当在一个作用域中定义一个变量时，就将该变量局部化并且保护它不被非授权访问或修改。实际上，作用域规则为封装提供了基础。作用域可以进行嵌套。例如，每次创建了一个程序块，就创建了一个新的嵌套的作用域。这样，外面的作用域包含内部的作用域。这意味着外部作用域定义的对象对于内部作用域中的程序是可见的。但是，反过来就是错误的。内部作用域定义的对象对于外部是不可见的。

为理解嵌套作用域的效果，来看下面的程序例子：

【程序 3.3】

程序在方法 main( )的开始定义了变量 x，因此它对于 main( )中所有随后的代码都是可见的。在 if 程序块中定义了变量 y。因为一个块定义一个作用域，y 仅仅对在它的块以内的其他代码可见。这就是在它的块之外的程序行"y=100；"被注释掉的原因。如果将该行前面的注释符号去掉，编译程序时就会出现错误，因为变量 y 在它的程序块之外是不可见的。在 if 程序块中可以使用变量 x，因为块（即一个嵌套作用域）中的程序可以访问被其包围作用域中定义的变量。

变量可以在程序块内的任何地方声明，但是只有在它们被声明以后才是合法有效的。因此，如果在一个方法的开始定义了一个变量，那么它对于在该方法以内的所有程序都是可用的。反之，如果在一个程序块的末尾声明了一个变量，它就没有任何用处，因为没有程序会访问它。例如，下面这个程序段就是无效的，因为变量 count 在它被定义以前是不能被使用的。

```
// 这个程序段是无效的！
count = 100; // 变量 count 在它被定义以前是不能被使用的
int count;
```

另一个需要记住的重要之处是：变量在其作用域内被创建，离开其作用域时被撤销。

这意味着一个变量一旦离开它的作用域，将不再保存它的值了。因此，在一个方法内定义的变量在几次调用该方法之后将不再保存它们的值。同样，在块内定义的变量在离开该块时，也将丢弃它的值。因此，一个变量的生存期就被限定在它的作用域中。

3.3 常　　量

在 Java 中，常量（constants）就是在程序运行过程中其值不变的量。Java 中是以关键字 final 来声明一个常量的。例如：

```
final double PI = 3.14159;
```

这个语句说明了一个 double 变量，即一个不变量。

注意：一个常量一旦被定义，就不能改变，这意味着不能被再次赋值，即便是相同的值。例如下面的两行代码将会产生编译错误，因为 PI 是常量，不能再次赋值。

```
final double PI = 3.14159;
PI =5.283 33;
```

按照习惯，常量都用大写字母命名。例如上面代码中的常量 PI，用"PI"而不是用"Pi"或"pi"。

在程序中使用常量有 3 个好处：

① 不必重复输入同一个值；

② 如果必须修改常量值（例如将 PI 的值从 3.141 592 改为 3.14），只需要在源代码中的一个地方做改动；

③ 给常量赋一个描述性名字会提高程序的易读性。

3.4 运　算　符

Java 语言中的表达式（Expression）是由运算符与操作数组合而成的，例如 a=b+c，其中 a、b、c 是操作数，+、=是运算符（用来做运算的符号）。

Java 中的运算符基本可以分为：算术运算符、赋值运算符、比较运算符、逻辑运算符、位运算符、移位运算符。

3.4.1 算术运算符

算术运算就是加、减、乘、除等运算。这些操作可以对几个不同类型的数字进行混合运算，为了保证操作的精度，系统在运算的过程中会做相应的转换。

所谓数字精度,也就是系统在做数字间的算术运算时,为了尽最大可能保持计算的准确性,而自动进行相应的转换,将不同的数据类型转变为精度最高的数据类型。

Java 的算术运算符分为一元运算符和二元运算符。一元运算符只有一个操作数;二元运算符有两个操作数,运算符位于两个操作数之间。算术运算符的操作数必须是数值类型。

1. 一元运算符

一元运算符有正(+)、负(−)、自增(++)和自减(−−)4 个。自增和自减运算符只允许用于数值类型的变量,不允许用于表达式中。该运算符既可放在变量之前(如++i),也可放在变量之后(如 i++),两者的差别是:如果放在变量之前(如++i),则变量值先加 1 或减 1,然后进行其他相应的操作(主要是赋值操作);如果放在变量之后(如 i++),则先进行其他相应的操作,然后再进行变量值加 1 或减 1。

例如:

```
int i=6, j, k, m, n;
j=+i;//取原值,即 j=6
k=-i;//取负值,即 k=-6
m=i++;//先 m=i,再 i=i+1,即 m=6, i=7
m=++i;//先 i=i+1,再 m=i,即 i=7, m=7
n=j--;//先 n=j,再 j=j-1,即 n=6, j=5
n=--j;//先 j=j-1,再 n=j,即 j=5, n=5
```

在书写代码时,还要注意的是:一元运算符与其前后的操作数之间不允许有空格,否则编译时会出错。

2. 二元运算符

二元运算符有加(+)、减(−)、乘(*)、除(/)、取模(%)。其中+、−、*、/完成加、减、乘、除四则运算,%是求两个操作数相除后的余数。取余运算符既可用于两个操作数都是整数的情况,也可用于两个操作数都是浮点数(或一个操作数是浮点数)的情况。当两个操作数都是浮点数时,例如 7.6%2.9 时,计算结果为:7.6−2*2.9=1.8。当两个操作数都是 int 类型数时,a%b 的计算公式为:a%b=a−(int)(a/b)*b。当两个操作数都是 long 类型(或其他整数类型)数时,a%b 的计算公式可以类推。当参加二元运算的两个操作数的数据类型不同时,所得结果的数据类型与精度较高(或位数更长)的数据类型一致。

例如:

```
7/3         //整除,运算结果为 2
7.0/3       //除法,运算结果为 2.333 33,即结果与精度较高的类型一致
7%3         //取余,运算结果为 1
7.0%3       //取余,运算结果为 1.0
-7%3        //取余,运算结果为-1,即运算结果的符号与左操作数的相同
7%-3        //取余,运算结果为 1,即运算结果的符号与左操作数的相同
```

注意:数学运算时的语法规则如下:

① 整数变量的运算结果至少是 int 类型;

② 如果有一个变量是 long 类型,那么运算结果是 long 类型;

③ 浮点运算的结果类型是表达式中最大的浮点数类型;

④ 不要把数"乘爆"了，比如：byte a=20*20;，将产生编译错误；
⑤ 如果用零除一个整数，那么会引发异常；
⑥ 整数之间做除法时，只保留整数部分而舍弃小数部分；
⑦ 在赋值语句中，自加运算符在变量前面，那么先加1，然后再赋值；反之，先赋值，然后再加1。

3.4.2 赋值运算符

赋值运算的符号是等号（=），Java 继承 C 语言采用左值语法编译带有赋值运算符的表达式，这意味着赋值表达式的"="号右边是一个表达式，左边是一个变量，右边的值赋值给左边（左值）的变量，赋值语句像函数一样有一个返回值，即左值。于是下面的程序就变得好理解一些了。

【程序 3.4】

这段代码透露了下面的一些信息：表达式都有值，尽管有时舍去表达式的值；Java 遵循 C 语言的习惯，对表达式进行左值取值；变量的语法总是模仿表达式的语法：在 y=（x=2+3）中，x 是变量，它把值向左传递了（采用左值语法），这一点说明从 C 语言时代以来，C 语言编译过程的影响是如此的深入，如果没有这句话作为理论的保证，C 编译器的左值语法无法实现。

在学习赋值运算时，要注意下面的一些问题：

① 特别注意表达式的左值和右值（=号右边）要匹配。如果右值的取值范围比左值小，不会有问题；如果比左值大时，要用类型转换（cast），即在表达式前面加上类型名，这样就可以把表达式的值转换过来了。

② 狭窄的类型向宽泛的类型转换叫"晋升（upcasting）"，反之叫"下降（downcasting）"。

③ 整型可用下面的语句格式在程序中套用：

```
int i = 1;
i += 1;  // i += 1 等同于 i = i + 1
```

3.4.3 比较运算符

比较运算符也称为关系运算符，其决定值和值之间的关系。例如，决定相等不相等及排列次序。关系运算符见表 3-2。

表 3-2　关系运算符

运算符	意义
==	等于
!=	不等于
>	大于

续表

运算符	意义
<	小于
>=	大于等于
<=	小于等于

这些关系运算符产生的结果是布尔值。关系运算符常常用在 if 控制语句和各种循环语句的表达式中。

Java 中的任何类型，包括整数、浮点数、字符及布尔型，都可用"=="来比较是否相等，用"!="来测试是否不等。

注意：Java（就像 C 和 C++一样）比较是否相等的运算符是两个等号，而不是一个（注意：单等号是赋值运算符）。只有数字类型可以使用排序运算符进行比较。也就是说，只有整数、浮点数和字符运算数可以用来比较哪个大、哪个小。

前面已经说过，关系运算符的结果是布尔（boolean）类型。例如，下面的程序段对变量 c 的赋值是有效的：

```
int a=4;
int b=1;
boolean c=a < b;
```

在本例中，a<b（其结果是 false）的结果存储在变量 c 中。

3.4.4 逻辑运算符

逻辑运算符的运算数只能是布尔型，并且逻辑运算的结果也是布尔类型（表 3-3）。

表 3-3 逻辑运算符

运算符	意义
!	逻辑非
&	逻辑与
|	逻辑或
||	短路或
&&	短路与
^	异或

逻辑运算符支持短路运算。所谓短路运算，就是从左到右依次计算每个条件是否成立，如果在前面的计算中已经可以得出整个复合条件表达式的计算结果，则后面的条件就不计算了。因此，在逻辑运算中，通常都使用"短路与&&"和"短路或||"运算符来完成与或运算。逻辑运算符"!"的结果表示布尔值的相反状态：!true==false 和 !false==true。各个逻辑运算符的运算结果见表 3-4。

表 3-4 布尔逻辑运算符

A	B	A‖B	A&&B	A^B	！A
False	False	False	False	False	True
True	False	True	False	True	False
False	True	True	False	True	True
True	True	True	True	False	False

【程序 3.5】

在运行该程序后，会发现逻辑运算符对布尔值和位运算值的逻辑规则一样，并且从程序的输出也可以看出 Java 中的布尔值是字符串常量"true"或"false"。

3.4.5 位运算符

所有的数据、信息在计算机中都是以二进制形式存在的。有没有办法对二进制进行每个"byte（比特位）"的操作呢？在 Java 中提供了这样一种操作，可以对整数的二进制位进行相关的操作。这就是按位运算符，它主要包括位的"与""或""非""异或"，也可以说位运算符用于对整数的二进制进行布尔运算，它们的优先级见表 3-5。

表 3-5 位运算符优先级

~	非
&	与
｜	或
^	异或

注意：它们的优先级比逻辑运算符的高。

下面列出了它们的运算过程：

```
        1101 1101                    1110 1011
    ！(非) ----------             &（与）1011 0111
        0010 0010                    ---------
                                     0010 0010


        1111 1011                    1110 1011
    ｜(或) 1011 0111             ^（异或）1011 0111
        ---------                    ---------
        1111 1111                    0101 1100
```

3.4.6 移位运算符

移位运算符的面向对象也是二进制的"位"。可以单独用移位运算符来处理 int 型数据。它主要包括左移位运算符（<<）、"有符号"右移位运算符（>>）、"无符号"右移运算符（>>>）。

① 左移运算符，用符号"<<"表示。它是将运算符左边的对象向左移动运算符右边指定的位数（在低位补 0）。

② 右移运算符，用符号">>"表示。它是将运算符左边的对象向右移动运算符右边指定的位数。它使用了"符号扩展"机制，也就是说，如果值为正，则在高位补 0；若值为负，则在高位补 1。

③ 右移运算符，用符号">>>"表示。它同"有符号"右移运算符的移动规则是一样的，唯一的区别就是："无符号"右移运算符采用"零扩展"，也就是说，无论值为正负，都在高位补 0。

对于移位运算符，应该牢记下列公式：

负数>>的结果＝－（正数>>的结果＋1）

示例：

【程序 3.6】

程序实作题

编写一个应用程序，要求用户输入两个整数，读入这两个值，并分别输出其和、差、积、商。

第 4 章　流程控制语句

学习目标

在本章中将学习以下内容：
- 使用 if 和 if…else 条件语句在多个动作中进行选择
- 理解使用 switch 语句的多项选择
- 使用循环语句 while 反复执行程序中的语句
- 在程序中使用循环语句 do…while 反复执行程序
- 使用循环语句 for 在程序中反复执行语句
- 使用 break、continue、return 语句控制改变程序流

每一个 Java 程序都有一个功能目标。Java 程序通过 Java 语句来实现功能目标，如何组织 Java 语句使它们能够顺利实现程序的功能呢？Java 用类搭起程序的框架，以方法实现类的功能，在方法中用各种语句结构来控制程序的流程。下面将分析 Java 中所有的控制语句。

4.1　条件语句 if

条件语句也称为假设语句，在 Java 中是利用 if 这个关键字来实现这种假设的关系的，它的英文原意是"如果"。也就是说，如果……，就……，否则……。下面用一个生活中的小例子来分析这种假设的构成。例如：如果我中了五百万大奖，我就周游世界，否则，只有老老实实地待在原地。if 语句的完整格式如下：

```
if (条件)
{
   目的1;
}
else
{
   目的2;
}
```

其中如果条件为真，就执行 if 的对象（目的 1）；否则，执行 else 的对象（目的 2）。任何时候两条语句都不可能同时执行，如图 4-1 所示。

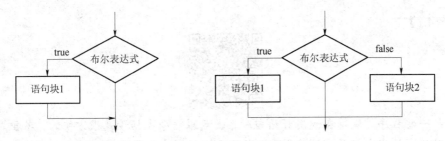

图 4-1 if 语句流程图

if 语句有较多的写法,接下来将分别进行介绍。

1. 单个语句的形式

if 和 else 的对象可以是单个语句 (statement),完整形式如下:

```
if (condition) statement1;
else statement2;
```

上面这个 if 语句的执行过程如下:如果条件为真,就执行 if 的对象 (statement1);否则,执行 else 的对象 (statement2)。任何时候两条语句都不可能同时执行。来详细看看下面的例子:

```
int a, b;
// ...
if(a < b) a = 0;
else b = 0;
```

上例中,如果 a 小于 b,那么 a 被赋值为 0;否则,b 被赋值为 0。任何情况下都不可能使 a 和 b 都被赋值为 0。

2. 语句块的形式

上面的形式在 if 或 else 后只能有一句语句,如果想包含更多的语句,需要建立一个程序块,完整形式如下:

```
    if (condition)
    {
      statement1
      statement2
    }
    else
    {
      statement3
      statement4
    }
```

上面这个 if 语句的执行过程如下:如果条件为真,就执行 if 的对象(statement1 与 statement2);否则,执行 else 的对象(statement3 和 statement3)。任何时候两个语句块中的语句不可能同时执行。详细看看下面的例子:

27

【程序 4.1】

注意：一些程序员觉得在使用 if 语句时在其后跟一个大括号是很方便的，甚至在只有一条语句的时候也使用大括号。这使得在以后添加别的语句变得容易，并且也不必担心忘记括号。事实上，当需要定义块时而未对其进行定义，是导致错误的普遍原因。所以请各位读者也尽量在 if 语句后加上大括号，以避免错误发生。

3. 嵌套 if 语句

嵌套（nested）if 语句是指该 if 语句为另一个 if 或者 else 语句的对象。在编程时，经常要用到嵌套 if 语句。当使用嵌套 if 语句时，需记住的要点就是：一个 else 语句总是对应着和它在同一个块中的最近的 if 语句，并且该 if 语句没有与其他 else 语句相关联。下面是一个例子：

【程序 4.2】

如注释所示，最后一个 else 语句没有与 if（j<20）相对应，因为它们不在同一个块。内部的 else 语句对应着 if（k>100），因为它是同一个块中最近的 if 语句。

4. if-else-if 阶梯

基于嵌套 if 语句的通用编程结构称为 if-else-if 阶梯。它的语法如下：

```
if(condition1){
  statement1;
}
else if(condition2){
  statement2;
}
else if(condition3){
  statement3;
}
else{
  statement4;
}
```

条件表达式从上到下被求值。一旦找到为真的条件，就执行与它关联的语句，该阶梯的其他部分就被忽略了。如果所有的条件都不为真，则执行最后的 else 语句。最后的 else 语句经常被作为默认的条件，即如果所有其他条件测试失败，就执行最后的 else 语句。如果没有最后的 else 语句，并且所有其他的条件都失败，那么程序就不做任何动作。下面的程序通过使用 if-else-if 阶梯来确定某个月是什么季节。

【程序 4.3】

在上面这个例子中将看到，不管给 month 什么值，该阶梯中有且只有一个语句执行。

4.2 开关语句 switch

分支语句（switch）有时也称为"选择语句""开关语句""多重条件句"。其功能是根据一个整数表达式的值，从一系列代码中选取出一段与之相符的执行。它的格式如下：

```
switch (<表达式>)
{
  case <常量1>:
<语句1>;
    break;
  case <常量2>:
<语句2>;
    break;
     …
  case <常量n: <语句n>;
    break;
  [default: <语句n+1>; ]
}
```

其中，switch，case 和 default 都是关键字，语句序列可以是简单或复合语句（不需要用圆括号括起来）。switch 后的表达式需要用圆括号括起来，并且 switch 语句的主体要用大括号"{}"括起来。要计算的表达式的数据类型要与指定的 case 常量的数据类型相匹配。从名称可以判断出，case 标记只可以是整型或字符常量。它也可以是常量表达式，但前提是该表达式不包含任何变量名。所有的 case 标记必须是不同的。

在 switch 语句中，先要计算表达式的值，然后将这个值与 case 标记依次进行比较。如果表达式的值与标记相匹配，那么就会执行与这个 case 标记关联的语句。break 语句确保能立即从 switch 语句中退出，如果不用 break 语句，那么将不考虑 case 的值而执行 case 标记后的语句，只到遇到了 break 才会终止执行。因此，break 语句被认为是在使用 switch 语句时最重要的语句之一。switch 语句的流程如图 4-2 所示。

总的来说：

① switch 后表达式必须是整型、字符型；

② 每个 case 的常量必须不同；

③ 若没有 break，程序将继续执行下一个 case 语句；

④ default 位置可任意，但要注意 break。

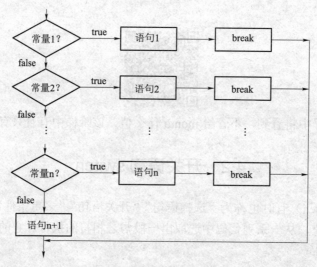

图 4-2 switch 语句流程图

例如下面的例子：

【程序 4.4】

如果不写 break，有匹配 case 的语句被执行完后，还会继续执行；default 语句是可选的，它的作用是这样的：所有 case 都没有得到匹配，那么 default 语句将被执行。对 default 语句假设没有 break 语句时，必须记住下面的规则：有匹配时，从那个 case 开始执行，到 default 语句执行完毕；无匹配时，执行 default。另外，还要注意：在 break 语句后面不要再放上语句，这会使编译器产生不可达代码错。switch 语句的判断条件必须是整数，可以为 short、char、byte 和 int，但不能为 long。

例如下面的程序：

【程序 4.5】

4.3 循环语句

Java 的循环语句有 for、while 和 do-while。这些语句创造了通常所称的循环（loops）。一个循环重复执行同一套指令直到一个结束条件出现。Java 有适合任何编程所需要的循环结构。

4.3.1 while 语句

while 语句是 Java 最基本的循环语句，循环语句的流程结构如图 4-3 所示。它的通用格

式如下:

```
while(条件表达式) {
// 循环体
}
```

while 语句的功能是:先计算条件表达式,为 true,则执行循环语句块;为 false,则跳出循环。while 语句的执行次序是:先判断条件表达式的值,若值为假,则跳过循环语句区块,执行循环语句区块后面的语句;若条件表达式的值为 true,则执行循环语句区块,然后再回去判断条件表达式的值,如此反复,直至条件表达式的值为 false,跳出 while 循环体。各位读者请注意:在 while 语句的循环体中应该有改变条件的语句,防止死循环。

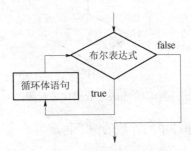

图 4-3 while 语句流程图

下面来看一个例子,这个例子 while 循环从 0 开始计数,直到 n=5 结束,打印出 5 行文字。

【程序 4.6】

使用 while 语句的时候要注意,while 语句在循环一开始就计算条件表达式,若开始时条件为假,则循环体一次也不会执行。比如下面这个例子:

```
int a = 10, b = 20;
while(a > b)
{
  System.out.println("这行文字不会被打印");
}
```

上面这个例子由于 a>b 的结果返回的是假(false),所以"这行文字不会被打印"字样是不会被输出到控制台上的,因为 while 语句的循环体根本不会被执行到。

4.3.2 do while 语句

如果一开始 while 循环的条件表达式就是假的,那么循环体根本就不会被执行。然而,有时即使在开始时条件表达式是假的,while 循环至少也要执行一次。换句话说,有时需要在一次循环结束后再测试中止表达式,而不是在循环开始时。Java 就提供了这样的循环:do-while 循环。do-while 循环总是执行它的循环体至少一次,因为它的条件表达式在循环的结尾。它的通用格式如下:

```
do {
// 循环体
} while (条件表达式);
```

do-while 循环总是先执行循环体，然后再计算条件表达式。如果表达式为真，则循环继续；否则，循环结束。如图 4-4 所示。对所有的 Java 循环都一样，条件表达式必须是一个布尔表达式。

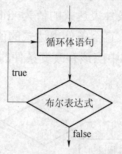

图 4-4　do-while 语句流程图

用 do-while 循环将 while 循环中的计数的例子再重写一遍。

【程序 4.7】

这一段程序和上一段程序基本相同，只有 while 循环结构变成了 do while 循环结构，输出的值也完全相同。可以尝试将条件表达式改为 n>0，看看输出会有什么样的变化，以加深对 while 和 do while 的理解。

4.3.3　for 循环

for 循环是一个功能强大且形式灵活的结构。下面是 for 循环的通用格式：

```
for(赋初值；判断条件；循环控制变量增减方式) {
// 循环体
}
```

for 循环执行（图 4-5）的步骤如下：

① 第一次进入 for 循环时，对循环控制变量赋初值。

② 根据判断条件检查是否要继续执行循环。为真，执行循环体内语句块；为假，则结束循环。

③ 执行完循环体内的语句后，系统根据"循环控制变量增减方式"改变控制变量值，再回到步骤②，根据判断条件检查是否要继续执行循环。

下面是使用 for 循环的计数程序。

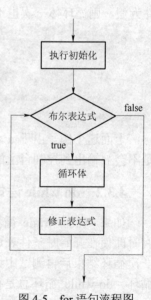

图 4-5　for 语句流程图

【程序 4.8】

1. for 循环的一些变化

for 循环在编程的过程中是较为常用的，由于 for 循环中的三部分（即赋初值、判断条件、循环控制变量增减方式）并不仅仅用于它们所限定的那些目的，所以 for 循环可以有比较灵活的使用方法。请看下面这个例子：

【程序 4.9】

在程序 4.9 中，for 循环将一直运行，直到布尔型变量 flag 被设置为真。for 循环的条件部分不测试值 i。

下面是 for 循环的另外一个变化。在 Java 中可以使 for 循环的三部分（即赋初值、判断条件、循环控制变量增减方式）中的任何或者全部都不在其中写任何代码。例如下面的程序：

【程序 4.10】

程序 4.10 中，初始化部分和反复部分被移到了 for 循环以外。这样，for 循环的初始化部分和反复部分是空的。在这个简单的例子中，for 循环中没有值。这种风格被认为是相当差的，但有时这种风格也是有用的。例如，如果初始条件由程序中其他部分的复杂表达式来定义，或者循环控制变量的改变由发生在循环体内的行为决定，并且这种改变是一种非顺序的方式，这种情况下，可以使 for 循环的这些部分为空。下面是 for 循环变化的又一种方式。如果 for 循环的三个部分全为空，就可以创建一个无限循环（从来不停止的循环）。例如：

```
for( ; ; ) {
 // ...
}
```

这个循环将始终运行，因为没有使它终止的条件。

2. 循环的嵌套

和其他编程语言一样，Java 允许循环嵌套，即一个循环在另一个循环之内。例如，下面这个例子就是循环嵌套：

【程序 4.11】

4.4 跳转语句 break、continue 和 return

Java 中有三种跳转语句，分别是 break、continue 和 return。这些语句把控制转移到程序的其他部分。下面对每一种语句进行讨论。

4.4.1 break 语句

在 Java 中，break 语句有三种作用：第一，已经在 switch 语句中看到过，在 switch 语句中，它被用来终止一个语句序列；第二，它能被用来退出一个循环；第三，它能作为一种"先进"的 goto 语句来使用。第一种用法在此就不介绍了，详细介绍一下后两种 break 语句的用法。

1. 使用 break 退出循环

使用 break 语句将直接强行退出循环，忽略循环体中的任何其他语句和循环的条件测试。在循环中遇到 break 语句时，循环被终止，程序跳转至循环结束后的语句执行。下面是一个简单的例子：

【程序 4.12】

在上面这个例子中，设计循环为从 0 到 99，循环 100 次。但是当 i 等于 10 的时候，break 语句终止了循环，直接跳出循环，继而执行"System.out.println（"循环结束"）;"语句。

请各位读者注意：在嵌套循环中使用 break 语句，它将仅仅终止最里面的循环。

2. 使用标签 break 语句实现 goto 效果

在 Java 中并没有 goto 语句，因为 goto 语句本身也存在一些致命的问题。在一段复杂的程序中，goto 语句的滥用或许会导致程序结构的混乱，最终导致致命的错误。但合理运用 goto 语句有时又有很大的帮助。例如，在有很深的循环嵌套的程序结构中，要退出循环，使用 goto 语句就很方便。因此，在 Java 中定义了 break 语句的一种扩展形式来处理这种情况。标签 break 语句的通用格式如下所示：

```
break label;
```

在这里，标签 label 表示的是代码块的标签，请看下面这个例子：

【程序 4.13】

可以看到，当内部循环退到外部循环时，两个循环都被终止了。

4.4.2 continue 语句

有时候需要使循环提前进入下一次循环，也就是需要继续运行循环，但是要忽略本次循环剩余部分的代码，break 语句无法帮助实现这样的功能，而 continue 语句则可以帮助达到这样的目的。

1. 使用 continue 语句

continue 语句是 break 语句的补充。在 while 和 do-while 循环中，continue 语句使控制直接转移给控制循环的条件表达式，然后继续循环过程。在 for 循环中，循环的反复表达式被求值，然后执行条件表达式，循环继续执行。

请看下面的例子：

【程序 4.14】

程序 4.14 在循环中使用 continue 语句，只要循环到的 i 的值能被 3 整除，就运行 continue 语句跳出本次循环，继续运行下一次循环，否则输出 i 值。

2. 使用标签的 continue 语句

continue 可以指定一个标签来说明继续哪个包围的循环。下面的例子运用 continue 语句来打印 0~9 的三角形乘法表：

【程序 4.15】

continue 语句并不经常被使用，一个原因是 Java 提供了一系列丰富的循环语句，可以适用于绝大多数应用程序。但是，对于那些需要提前进入下一轮循环的特殊情形，continue 语句提供了一个结构化的方法来实现。

4.4.3 return 语句

return 语句用来从一个方法返回。在后面的章节中会用到 return 语句，这里先做简要的介绍。

return 语句主要有两个用途：一方面用来表示一个方法返回的值（假定没有 void 返回值）；另一方面，它导致该方法退出，并返回那个值。请看下面的例子：

【程序 4.16】

从程序 4.16 可以看出，"第二条输出"字符串并没有输出，这是由于布尔值 t 的值为 true，所以运行到了 return 语句，而导致方法退出，因此最后一句输出语句并没有执行到。

4.5 程序控制语句任务实例

【任务描述】

将一个正整数分解质因数。例如：输入 90，打印出 90=2*3*3*5。

【任务分析】

对 n 进行分解质因数，应先找到一个最小的质数 k，然后按下述步骤完成：
① 如果这个质数恰等于 n，则说明分解质因数的过程已经结束，打印出即可。
② 如果 n<>k，但 n 能被 k 整除，则应打印出 k 的值，并用 n 除以 k 的商，作为新的正整数，重复执行第①步。
③ 如果 n 不能被 k 整除，则用 k+1 作为 k 的值，重复执行第①步。

【任务实例】

【程序 4.17】

程序实作题

1. 编写一个 Java 程序，判断输入的年份是否是闰年。
2. 编写一个 Java 程序，输入三个整数，利用 if…else 语句的嵌套，比较三个数的大小，并按从大到小的顺序输出比较后的结果。
3. 编写一个 Java 程序，输入一个分数，判断并输出该分数的等级，分数等级如下：
90～100：优秀
80～90：良好
70～80：中等
60～70：及格
60 以下：不及格
4. 编写一个 Java 程序，输出 1～20 的所有偶数。
5. 编写一个 Java 程序，使用循环计算 1+2+3+4+5+…+100 的结果。
6. 编写一个 Java 程序，输入一个 20 以内的整数，并根据整数的数值，显示同样数目的连续星号。例如，输入一个整数 7，则程序输出"*******"。
7. 有下面值的货币：100 元、50 元、20 元、10 元、5 元、1 元。给出一个金额，请编写程序计算组成该金额的最少张数货币组合。例如：组成 183 元的最少组合为 1 张 100 元，1 张 50 元，1 张 20 元，1 张 10 元，3 张 1 元。

第 5 章 数 组

学习目标

在本章中将学习以下内容：
- 什么是数组
- 一维数组的声明和初始化，以及其使用
- 二维数组的声明和初始化
- arrays 类

数组（array）是由相同类型的变量组成的集合。在一个数组中，每一个元素的数据类型都是相同的，可以使用共同的名字引用它。数组可被定义为任何类型，可以是一维或多维。并且数组具有固定的长度，一经创建，长度就不再发生变化。

在 Java 中，数组被看作一种独立的类型，有自身的方法。当处理大量相同类型数据时，数组是一个非常好的选择。

5.1 数组的基本概念

数组是具有相同类型数据的一组变量，这样的变量称为元素或成员。数组中的元素可以是基本数据类型，也可以是对象类型的。要指向数组中的特定元素，需要指定数组的引用名及该元素在数组中的位置序号。元素在数组中的位置序号称为元素的下标或索引。

图 5-1 所示是一个整数类型的数组，它包含了 8 个整数类型的元素。数组中元素的总个数称为数组的长度，因此图中所示数组 C 的长度为 8。数组的下标从 0 开始，每个数组的第一个元素的下标为 0，有时称这个元素为数组的第零个元素。数组 C 中最大的下标为 7，比数组长度小 1。

C [0]	11
C [1]	23
C [2]	45
C [3]	12
C [4]	56
C [5]	23
C [6]	65
C [7]	876

图 5-1　数组示意图

把数组看作一组相同数据类型的变量的集合，用数组访问表达式来访问数组中的元素，数组访问表达式由数组名加上方括号"[]"括起来的数组下标组成，表示访问该数组中位置为该数组下标的元素。例如，在图 5-1 中，数组 C 的 8 个元素的访问表达式分别为 C[0]，C[1]，C[2]，…，C[7]，其中 C[0] 的值为 11，C[1] 的值为 23，C[2] 的值为 45，C[7] 的值为 876。

数组访问表达式可直接作为一个变量参与程序的运算，例如，要计算数组 C 中前三个元素之和，并将结果保存在变量 sum 中，可以写成

```
sum= C[0]+c[1]+c[2];
```

那么 sum 的值将等于 79。

5.2 一 维 数 组

5.2.1 一维数组的声明与创建

要创建一个数组，必须首先定义数组变量所需的类型。通用的一维数组的声明格式是：

```
type varname[];
```

其中，type 定义了数组的基本类型。基本类型决定了组成数组的每一个基本元素的数据类型。这样，数组的基本类型决定了数组存储的数据类型。例如，下面的例子定义了数据类型为 int，名为 month_days 的数组。

```
int month_days[];
```

尽管该例子定义了 month_days 是一个数组变量的事实，但实际上没有数组变量存在。事实上，month_days 的值被设置为空，它代表一个数组没有值。为了使数组 month_days 成为实际的、物理上存在的整型数组，必须用运算符 new 来为其分配地址并且把它赋给 month_days。运算符 new 是专门用来分配内存的运算符。

将在后面章节中更进一步了解运算符 new，但是现在需要使用它来为数组分配内存。当运算符 new 被应用到一维数组时，它的一般形式如下：

```
array-var = new type[size];
```

其中，type 指定被分配的数据类型，size 指定数组中变量的个数，array-var 是被链接到数组的数组变量。也就是说，使用运算符 new 来分配数组，必须指定数组元素的类型和数组元素的个数。用运算符 new 分配数组后，数组中的元素将会被自动初始化为零。下面的例子分配了一个 12 个整型元素的数组并把它们和数组 month_days 链接起来。

```
month_days = new int[12];
```

通过这个语句的执行，数组 month_days 将会指向 12 个整数，并且数组中的所有元素将被初始化为零。

回顾一下上面的过程：定义一个数组需要两步。第一步，必须定义变量所需的类型。第二步，必须使用运算符 new 来为数组所要存储的数据分配内存，并把它们分配给数组变量。这样 Java 中的数组被动态地分配了。

综上所述，下面程序定义的数组存储了每月的天数。

【程序 5.1】

当运行这个程序时，它打印出 4 月份的天数。如前面提到的，Java 数组下标从零开始，因此 4 月份的天数数组元素为 month_days[3] 或 30。

将对数组变量的声明和对数组本身的分配结合起来是可以的，如下所示：

```
int month_days[] = new int[12];
```

这将是通常所见的编写 Java 程序的专业做法。

数组可以在声明时被初始化。这个过程和简单类型初始化的过程一样。数组的初始化（array initializer）就是包括在花括号之内用逗号分开的表达式的列表。逗号分开了数组元素的值。Java 会自动地分配一个足够大的空间来保存指定的初始化元素的个数，而不必使用运算符 new。例如，为了存储每月中的天数，下面的程序定义了一个初始化的整数数组：

【程序 5.2】

当运行这个程序时，会看到它和前一个程序产生的输出一样。

5.2.2 一维数组的使用

由于数组可能拥有大量的元素，那么就不应该像使用普通变量一样，逐句地进行赋值或引用。因此，在对数组的使用中，通常需要结合循环语句来对数组进行操作，下面将通过一个例子探讨如何使用循环来使用数组。

这个例子运用一维数组来计算一组数字的平均数。

【程序 5.3】

在程序 5.3 这个例子中，声明了一个名字为 nums 的双精度浮点型数组，并为它进行了初始化，使它拥有了 5 个双精度浮点型的元素。接下来程序利用一个 for 循环，将数组中的每一个元素依次相加，并求得了平均数。在 for 循环中，将 i 作为数组下标定义数组访问表达式，通过循环变量 i 的递增，顺序地访问到了每一个数组元素。这种顺序将数组元素访问一次，且仅访问一次，称为对数组的遍历。

Java 会严格地检查，以保证不会意外地去存储或引用在数组范围以外的值。Java 的运行系统会检查以确保所有的数组下标都在正确的范围以内。例如，运行系统将检查数组 month_days 的每个下标的值，以保证它包括在 0 和 11 之间。如果企图访问数组边界以外（负数或比数组边界大）的元素，将引起异常。例如，在上个程序中，如果循环变量 i 的值大于或等于 5,那么程序将引发异常。

除了用 for 循环遍历数组外,也可以使用 while 循环来遍历数组,只要能使循环变量递增,并保证循环变量不大于数组长度,就可以正常地使用数组了。

在 J2SE 5.0 及以上版本中,为了更加方便地使用数组,提供了一种不用循环变量就可以实现对数组的访问的语句,称为增强 for 语句。它的语法是:

```
for(参数:数组名称)
```

如上例中的程序可以修改为:

【程序 5.4】

在程序 5.4 中,使用增强 for 语句实现对数组 nums 的访问,double number 表示定义一个类型为 double 的变量 number,增强 for 语句自动将每一次循环后数组 nums 的元素赋值给 number,也就是说,在每一次循环后,number 就是数组中的元素。

增强 for 语句由于取消了循环变量的设置,改由 Java 自动循环,避免了数组下标越界的发生,同时也简化了程序语句的表达。

5.3 二维数组

5.3.1 二维数组的声明与创建

二维数组实际上是数组的数组。定义二维数组变量,要将每个维数放在它们各自的方括号中。例如,下面语句就定义了一个名为 twoD 的二维数组变量。

```
int twoD[][] = new int[4][5];
```

该语句分配了一个 4 行 5 列的数组并把它分配给数组 twoD。实际上,这个矩阵表示了 int 类型的数组的数组被实现的过程。在概念上,这个数组可以用图 5-2 来表示。

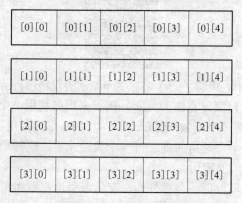

图 5-2 多维数组示意图

下列程序从左到右、从上到下为数组的每个元素赋值,然后显示数组的值:

【程序 5.5】

5.3.2 二维数组的使用

二维数组元素的访问及输出与一维数组一样，只是多了一个下标而已。在循环输出时，需要再内嵌一个循环，即双重循环来输出二维数组中的每一个元素。下面来展示一个例子，把上面学过的知识一起使用。

这里使用列数不相等的二维数组作为例子，实现功能是输出二维数组中的每一行的数字。

【程序 5.6】

5.4 Java 中的 Arrays 类

Java 中的 Arrays 类是一个实现对数组操作的工具类，包括了各种各样的静态方法，可以实现数组的排序和查找、数组的比较和对数组增加元素、数组的复制和将数组转换成字符串等功能。

1. 对数组进行排序

使用 Arrays 类对数组进行排序时，可以使用 Arrays 类中的 sort( )方法对整个数组或部分数组进行排序，下面的例子对数值类型的数组进行排序：

```
Int[] arr = {6,5,1,9,78,25,31,7};
Arrays.sort(arr);
```

程序执行排序后的最后结果为：[1,5,6,7,9,25,31,78]，默认是升序排列。

2. 查询数组

当需要在数组中查询某一个关键字时，可以使用二分查找法（binarySearch 方法）。数组必须是按升序排列好的，如果数组中不存在关键字，方法将会返回插入点。例如，下面的例子在数组中查找关键字：

```
Int arr = {1,2,3,4,6,7};
System.out.println(Arrays.binarySearch(arr,4));
System.out.println(Arrays.binarySearch(arr,5));
```

上面这些代码输出的结果是：

```
3, -5
```

注意：第二个输出是-5，如果在数组中不存在关键字，方法将会返回插入点。"插入点"是指第一个大于查找对象的元素在数组中的位置，如果数组中所有的元素值都小于要查找的对象，"插入点"就等于 Arrays.size( )。

3. 比较两个数组值是否相等

可以采用 equals( )方法检测两个数组是否相等，如果它们的内容相同，将会返回 true；否则返回 false。请看下面的例子：

```
Int arr1 = {1,2,3,4};
Int arr2 = {1,2,3,4};
Int arr3 = {2,3,1,4};
System.out.println(Arrays.equals(arr1,arr2));
System.out.println(Arrays.equals(arr1,arr3));
```

上面这些代码输出的结果是：
```
true
false
```

程序实作题

1. 给定一个整型数组{13,15,4,8,15,6,9,21}，并输入一个整数，请编写程序，在数组中查找该整数，如果存在，则返回该整数在数组中的位置（下标）；如果不存在，则返回−1。例如：输入 15，返回 1；输入 14，返回−1。

2. 用一个数组模拟在盒子中放入的红、黄、蓝三色球，如{"红","黄","蓝","红","红","蓝","黄","黄","蓝","红","黄","蓝","蓝","红","黄","红","红","黄","红","黄"}。请编写一个程序，计算红球、黄球和蓝球的数量。

第 6 章 面向对象编程基础

学习目标

在本章中将学习以下内容：
- 面向对象的基本思想
- 类的基本概念、组成及声明
- 进一步研究方法
- 类的实例化，构造函数的概念
- 修饰符，包括访问性修饰符和功能性修饰符

6.1 面向对象编程基本思想

随着计算机硬件设备功能的进一步提高，使基于对象的编程成为可能。基于对象的编程更加符合人的思维模式，编写的程序更加健壮和强大，更重要的是，面向对象编程鼓励创造性的程序设计。

在实际生活中，每时每刻都与"对象"在打交道，例如人们用的钢笔、骑的自行车、乘的公共汽车等。而我们经常见到的卡车、公共汽车、轿车等都会涉及以下几个重要的物理量：可乘载的人数、运行速度、发动机的功率、耗油量、自重、轮子数目等。另外，还有几个重要的功能：加速功能、减速功能、刹车、转弯功能等。

也可以把这些功能称作是它们具有的方法，而物理量是它们的状态描述。仅仅用物理量或功能不能很好地描述它们。在现实生活中，用这些共有的属性和功能给出一个概念：机动车类。一个具体的轿车就是机动车类的一个实例对象。

Java 语言与其他面向对象语言一样，引入了类的概念。类是用来创建对象的模板，它包含被创建的对象的状态描述和方法的定义。Java 是面向对象语言，它的源程序是由若干个类组成的。

因此，要学习 Java 编程，就必须学会怎样去写类，即怎样用 Java 的语法去描述一类事物共有的属性和功能。属性通过变量来刻画，功能通过方法来体现，即方法操作属性形成一定的算法来实现一个具体的功能。通过类的设计，把数据和对数据的操作封装成一个整体。

6.1.1 面向对象编程的基本概念

Java 是面向对象编程语言，面向对象的编程围绕它的数据（即对象）和为这个数据严格定义的接口来组织程序。那么什么是对象呢？

anything is an Object（万物皆对象），这是一种符合人们客观看待世界的规律。对象有其

固有属性，即对象的特征（区别于其他对象）。对象也有其方法，即对象的行为（对象能做什么）。对象本身可能是简单的，而多个对象可以组成复杂的系统（对象之间彼此调用对方的方法），将多个对象统一起来就是系统设计工作。

关于面向对象和面向对象编程，还需要了解以下这些：

① 在日常生活中经常接触到对象这个概念，例如桌子、自选车、公交车等。也可将对象想象成一种新型变量：它保存着数据，但可要求它对自身进行操作。从理论上讲，可从要解决的问题上提出所有概念性的组件，然后在程序中将其表达为一个对象。

② 程序是一大堆对象的组合。通过消息传递，各对象知道自己该做些什么。为了向对象发出请求，需向那个对象"发送一条消息"。更具体地讲，可将消息想象为一个调用请求，它调用的是从属于目标对象的一个子过程或函数。

③ 每个对象都有自己的存储空间，可容纳其他对象。或者说，通过封装现有对象，可制作出新型对象。所以，尽管对象的概念非常简单，但在程序中却可达到任意高的复杂程度。

④ 每个对象都有一种类型。根据语法，每个对象都是某个"类"的一个"实例"。其中，"类"（class）是"类型"（type）的同义词。一个类最重要的特征就是"能将什么消息发给它？"。

⑤ 同一类的所有对象都能接收相同的消息。由于类型为"圆"（circle）的一个对象，也属于类型为"形状"（shape）的一个对象，所以一个圆完全能接收形状消息。这意味着可让程序代码统一指挥"形状"，令其自动控制所有符合"形状"描述的对象，其中自然包括"圆"。这一特性称为对象的"可替换性"，是 OOP（面向对象编程）最重要的概念之一。

6.1.2 面向对象编程的核心是抽象

面向对象编程的核心是抽象。抽象（abstraction）是人类特有的一种思维方式，人们通过抽象处理复杂性。例如，人们不会把一辆汽车想象成由几万个互相独立的部分所组成的一套装置，而是把汽车想成一个具有自己独特行为的对象。这种抽象使人们可以很容易地将一辆汽车开到杂货店，而不会因组成汽车各部分零件过于复杂而不知所措。人们可以忽略引擎、传动及刹车系统的工作细节，将汽车作为一个整体来加以利用。

使用层级分类是管理抽象的一个有效方法。它允许根据物理意义将复杂的系统分解为更多更易处理的小块。从外表看，汽车是一个独立的对象。一旦到了内部，会看到汽车由若干子系统组成：驾驶系统、制动系统、音响系统、安全带、供暖、便携电话等。再进一步细分，这些子系统由更多的专用元件组成。例如，音响系统由一台收音机、一个 CD 播放器，或许还有一台磁带放音机组成。从这里得到的重要启发是，通过层级抽象对复杂的汽车（或任何另外复杂的系统）进行管理。

复杂系统的分层抽象也能被用于计算机程序设计。传统的面向过程程序的数据经过抽象，可用若干个组成对象表示，程序中的过程步骤可看成是在这些对象之间进行消息收集。这样，每一个对象都有它自己的独特行为特征。可以把这些对象当作具体的实体，告诉它们做什么事的消息做出反应。这是面向对象编程的本质。

面向对象的概念是 Java 的核心，对程序员来讲，重要的是要理解这些概念怎么转化为程序。在任何主要的软件工程项目中，软件都不可避免地要经历概念提出、成长、衰老这样一个生命周期，而面向对象的程序设计，可以使软件在生命周期的每一个阶段都处变不惊，有足够的应变能力。例如，一旦定义好了对象和指向这些对象的简明的、可靠的接口，就能很从容、很自信地解除或更替旧系统的某些组成部分。

简单来说，就是通过抽象，把现实世界的客观对象形成概念，也就是类；然后又通过实例化，将类转换为实例，也就是对象。这样就完成了现实世界与软件之间的协调与统一，如图 6-1 所示。

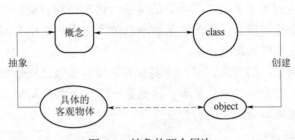

图 6-1 抽象的两个层次

6.1.3 面向对象编程的三大特性

所有面向对象的编程语言都提供帮助实现面向对象模型的机制特性，这些特性是封装、继承及多态性。

1. 封装

封装（Encapsulation）是将代码及其处理的数据绑定在一起的一种编程机制，该机制保证了程序和数据都不受外部干扰且不被误用。理解封装性的一个方法就是把它想成一个黑匣子，它可以阻止在外部定义的代码随意访问内部代码和数据。对黑匣子内代码和数据的访问通过一个适当定义的接口严格控制。

如果想与现实生活中的某个事物作对比，可考虑汽车这个例子。汽车的驾驶和移动其实是非常复杂的系统，涉及发动机、传动装置、转向装置等，但对于驾驶员来说，只需要控制油门、刹车、转向盘，即可完成对车辆的驾驶，而完全无须了解当踩下油门后，汽车到底通过哪些装置的怎样运作才能往前移动，这就是封装。封装代码的好处是每个人都知道怎么访问它，但却不必考虑它的内部实现细节，也不必害怕使用不当会带来负面影响。

Java 封装的基本单元是类。尽管类将在以后章节详细介绍，现在仍有必要对它做简单的讨论。一个类（class）定义了将被一个对象集共享的结构和行为（数据和代码）。一个给定类的每个对象都包含这个类定义的行为和结构，好像它们是从同一个类的模子中铸造出来似的。因为这个原因，对象有时被看作是类的实例（instances of a class）。所以，类是一种逻辑结构，而对象是真正存在的物理实体。

由于封装隐藏了类的细节，导致不能随意地在对象间进行交互和影响，如果想与一个类或对象进行交互，那么这个类必须允许你的请求。因此封装的本质即是，两个对象之间的交互必须通过方法来实现，即一个对象提供服务（方法），另一个对象请求服务（方法）。

2. 继承

继承（Inheritance）是一个对象获得另一个对象的属性的过程。继承很重要，因为它支持了按层分类的概念。如前面提到的，大多数知识都可以按层级（即从上到下）分类管理。例如，猎犬是狗类的一部分，狗是哺乳动物类的一部分，哺乳动物类又是动物类的一部分。如果不使用层级的概念，就不得不分别定义每个动物的所有属性。而使用了继承，一个对象就只需定义使它在所属类中独一无二的属性即可,因为它可以从它的基类(父类)那儿继承所有的通用属性。所以,可以这样说,正是继承机制使一个对象成为一个更具通用类的一个特定实例成为可能。

继承性与封装性相互作用。如果一个给定的类封装了一些属性,那么它的任何子类将具有同样的属性,并且还添加了子类自己特有的属性。这是面向对象的程序在复杂性上呈线性而非几何性增长的一个关键概念。新的子类继承它的所有祖先的所有属性。它不与系统中其余的多数代码产生无法预料的相互作用。

要注意,继承是抽象后的结果。对于现实世界来说,抽象过程是一种自底向上形成的体系,是先有了对象,从对象中抽象出了类,再抽象出了这个类的超类。因此继承的本质是,基类与子类是在同一对象不同层次上的抽象。

3. 多态

多态性(Polymorphism,来自希腊语,表示"多种形态")是允许一个接口被多个同类动作使用的特性,具体使用哪个动作与应用场合有关。多态性的概念经常被说成是"一个接口,多种方法"。这意味着可以为一组相关的动作设计一个通用的接口。多态性允许同一个接口被同一类的多个动作使用,这样就降低了程序的复杂性。选择应用于每一种情形的特定的动作(specific action)(即方法)是编译器的任务,程序员无须手工进行选择,只需记住并且使用通用接口即可。这是面向对象多态性的其中一种表现。

多态性还有另一种表现,即类可以产生无数的实例,这些事例特征相同,但特征的值不同,呈现了多种状态。

封装,继承及多态都是以抽象作为基础而延展出来的面向对象特性,是人们理解面向对象,并实现面向对象编程的重要特性,它们之间相辅相成,构成了统一的整体。

抽象、封装、继承、多态之间的关系如图 6-2 所示。

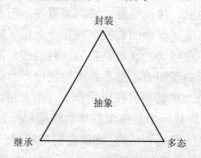

图 6-2 抽象、封装、继承、多态之间的关系

6.1.4 面向对象编程的优点

① 对象各司其职(功能简单),各尽所能(把自己的功能做到最好)。

② 系统可以实现弱耦合。对象的耦合性,是对象之间的联系,对象和系统之间的联系。在很多软件工程的书中,都提到了系统要保持稳定结构,需要"低耦合、高内聚"。对象的耦合性要尽量弱,也就是对象之间的联系尽可能地弱,对象和系统之间的联系尽可能地弱。

③ 系统可重用性高。对象的功能越简单,复用性就越好。因为对象的耦合性弱,所以复用性也就比较强。

④ 系统可扩展性强。这里的可扩展性包括系统的可插入性，也就是在系统中加入新的对象之后的系统稳定性；还有对象的可替换性，指的是在系统中替换原有的对象之后的系统的稳定性。

6.2 类的基本概念及组成

类是 Java 的核心和本质。它是 Java 语言的基础，因为类定义了对象的本性。既然类是面向对象程序设计 Java 语言的基础，因此，想要在 Java 程序中实现的每一个概念都必须封装在类以内。类是概念的规格化表达。

6.2.1 类基础

在世界首例面向对象语言 Simula-67 中，第一次用到了这样的一个概念：所有对象（尽管各有特色）都属于某一系列对象的一部分，这些对象具有通用的特征和行为。同时，还首次用到了 class 这个关键字，它为程序引入了一个全新的类型。

在面向对象的程序设计中，尽管真正要做的是新建各种各样的数据"类型"（type），但几乎所有面向对象的程序设计语言都采用了"class"关键字。当看到"type"这个字的时候，请同时想到"class"；反之亦然。建好一个类后，可根据情况生成许多对象。随后，可将那些对象作为要解决问题中存在的元素进行处理。这样，类就是对象的模板（template），而对象就是类的一个实例（instance）。由于一个对象就是一个类的实例，因此经常看到 object 和 instance 这两个词可以互换使用。

很难对类下一个精确的定义，可以使用牛津百科中的词解来归纳类的概念：A set of objects that share a common structure and common behavior. The terms class and type are interchangeable。

6.2.2 类的组成与声明

当定义一个类时，要声明它准确的格式和属性。可以通过指定它包含的数据和操作数据的代码来定义类。尽管非常简单的类可能只包含代码或者只包含数据，但绝大多数实际的类都包含上述两者。类的代码定义了该类数据的接口。

使用关键字 class 来创建类。在这一点上，类实际上被限制在它的完全格式中，并且类可以是一个组合体。类定义的通用格式如下所示：

```
[修饰符] <class> <类名> [extends 基类] [implements 接口]
  {
类体（成员变量和成员方法）
  }
```

类名由用户指定，可以是任意合法的标识符。

类体是定义在大括号中的部分，它是整个类的核心，可以分为类的成员变量和成员方法。

类修饰符为可选项，它决定了类在程序运行过程中以何种方式处理。类修饰符分为访问性修饰符和功能性修饰符，这在后面会介绍。

"extends 基类"也为可选项，表示所定义的类继承自其他基类时，该类会获得基类中的属性和方法。

"implements 接口"也为可选项，它表示定义的类需要通过实现某个接口完成，接口实际是一种特殊的类，将会在第 7 章介绍。

有一种更清晰的方式来表示类的定义：

```
class classname {
type instance-variable1;
type instance-variable2;
…
type instance-variableN;

type methodname1(parameter-list) {
// body of method
}

type methodname2(parameter-list) {
  // body of method
}
…
type methodnameN(parameter-list) {
  // body of method
}
}
```

在类中，数据或变量称为实例变量（instance variables），因为类中的每个实例（也就是类的每个对象）都包含它自己对这些变量的拷贝。而代码包含在方法（methods）内。定义在类中的方法和实例变量称为类的成员（members）。在大多数类中，实例变量被定义在该类中的方法操作和存取。这样，方法决定该类中的数据如何使用，一个对象的数据是独立的且是唯一的。

在类的声明中可以看到，类由三个部分组成：类的名称、类的属性、类的方法。下面将具体地对三个部分进行讨论。

1. 类名

类名是一个类的标识符，用以把它与其他类型的事物相区别。类的名字是概念的总称，集中体现了它的最本质特征。在 Java 语言中，类的名字应是一个具有名词词性的英文单词或词组，类名的首字母大写。如果是词组，词之间不能用空格分隔，而应把每个词的首字母大写。

如：Student、IronPerson、AirPort、BusStop、PostOffice 等。

下面定义了一个名为 Box 的类：

```
class Box {
}
```

2. 属性

类的属性描述了类和对象的状态，是类的静态特征。在 Java 中，以成员变量的形式来为类定义属性。

属性的声明其实就是变量的声明,格式与变量声明一样:

```
属性的数据类型 属性名[=value]
```

接下来为 box 定义 3 个成员变量:width、height 和 depth。当前,box 类不包含任何方法(但是随后将增加一些)。

```
class Box {
  double width;
  double height;
  double depth;
}
```

在一个类中,成员变量名是唯一的,也应是一个具有名词词性的英文单词或词组。类的成员变量定义在所有的方法体之外,因此它的作用域是整个类,即从变量定义开始,一直到标识类体结束的地方。

3. 方法

方法,也叫操作,是类的行为特征,也就是类的动态特征,是类向外部交互提供的服务。在 Java 中,以成员方法的形式来为类定义方法。在程序里要实现的算法、运算、逻辑处理等都是通过方法来实现的。

声明方法的通用格式:

```
[<方法修饰符>] <返回值类型> <方法名>([<形参列表>])[throws <异常列表>] {
  [<方法体>]
}
```

其中,<返回值类型>指定了方法返回的数据类型,是必写项。这可以是任何合法有效的类型,包括创建的类的类型。如果该方法不返回任何值,则它的返回值类型必须为 void。

方法的名称可以是"及物动词+名词"词组,如 sentMail、getScore 等。

方法修饰符是可选项,同类的修饰符一样,决定了方法的可访问性或功能。

"<形参列表>"是可选项,它表示一系列类型和标识符对,用逗号分开。形式参数本质上是变量,它接收方法被调用时传递给方法的参数值。如果方法没有形式参数,那么形式参数列表就为空。

"throws<异常列表>"也是可选项,表示当该方法出现异常时,采取怎样的操作。异常和异常处理的相关知识将在第 9 章进行介绍。

对于不返回 void 类型的方法,使用下面格式的 return 语句,方法将返回一个值到它的调用程序:

```
return value;
```

其中,value 是返回的值。

接下来继续以 Box 为例子,为 Box 这个类添加一个计算体积的方法,构成一个较为完整的类。

【程序 6.1】

注意看下面两行程序:

```
mybox1.volume();
mybox2.volume();
```

该例的第一行调用 mybox1 的 volume( )方法，也就是使用对象名加点号运算符调用 mybox1 对象的 volume( )方法。这样，调用 mybox1.volume( )显示 mybox1 定义的盒子的体积，调用 mybox2.volume( )将显示 mybox2 定义的盒子的体积。每次调用 volume( )，它都会显示指定对象的体积，很明显地呈现了 Box 类的多态性。

6.3 进一步讨论方法

对象的行为由类的方法实现，方法就是完成某种功能的程序块。类的设计集中体现在成员方法的设计上，良好的设计可以使类更加健壮，功能更加完善。成员方法的设计应该从整体行为出发，能正确响应外部消息，自然地改变对象的状态，并符合相对独立性、结构清晰、可重用性强等编程要求。因此进一步讨论以下方法的特性。

6.3.1 方法的返回值

在方法返回值时（return），和方法的返回声明比较，要注意下面 4 个语法规则：
① 返回类型为一个 upcasting（向上转型）时不会有问题；
② 类型一致时，肯定不会有问题；
③ 不要把语句放到 return 语句后面，这将产生不可达语句的编译错误；
④ 方法的返回类型必须紧跟在方法名前，而修饰方法的其他关键字的位置可以互换。

对于前面 Box 的例子，执行 volume( )方法确实将计算盒子体积的值返回到 Box 类，但这并不是最好的方法。例如，程序的其他部分如何知道一个盒子的体积，而不显示它的值？一个更好地实现 volume( )的方法是将它计算的盒子体积的结果返回给它的调用者。下面的例子是对前面程序的改进，它正是这样做的：

【程序 6.2】

在程序 6.2 中，当 volume( )被调用时，它被放在赋值语句的右边。左边是接收 volume( ) 返回值的变量。因此，当语句

```
vol = mybox1.volume();
```

执行后，变量 mybox1.volume( )的值是 3 000，且该值被保存在 vol 中。

对于返回值的理解，还需要特别注意，调用一个具有返回值的方法时，必须定义一个变量来接收返回值，否则将出现语法错误。而接收方法返回值的变量（例如本例中的变量 vol），也必须与指定方法返回值的类型相兼容。

6.3.2 消息传递

一个对象和外部交换信息主要靠方法的参数来传递，如果允许的话，外部对象也可以直接存取一个对象的成员变量。

在 Java 中调用方法时，如果传递的参数是基本数据类型，在方法中将不能改变参数的值，只能使用它们。如果传递的是对象引用，不能在方法中修改这个引用，但可以调用对象的方法以及修改允许存取的成员变量。所以想改变参数的值，可采用传递对象的方法，间接修改参数的值。

下面版本的 Box 程序定义了一个带参数的方法 setSize，它根据参数设置每个指定盒子的尺寸。

【程序 6.3】

6.3.3 方法重载

重载（OverLoad）是可使函数、运算符等处理不同类型数据或接收不同个数的参数的一种方法。在一个类定义中，可以编写几个同名的方法，但是只要它们的参数列表不同（包括参数个数的不同和参数类型的不同），那么，在方法调用时，Java 编译器就会根据实参列表的个数或类型自动调用所匹配的方法。

方法重载使得类中两个相似的方法可以拥有完全相同的名字，因此可以非常灵活地基于所接收参数调用不同方法，也是面向对象多态性的一个重要体现。

简单地说，一个类中的方法与另一个方法同名，但是参数表不同，这种方法称为重载方法。方法的重载包括成员方法的重载和构造方法的重载。

从下面这个例子先来看看成员方法的重载：

【程序 6.4】

在这个类中，可以看到定义了三个名称为 area 的方法，这三个方法的参数不相同，方法体内容也完全不同，也就是说，使用一个方法名，却定义了是三个不同的方法。使用这个类后，可以看到三组不同的输出。

6.4 类的实例化与构造方法

6.4.1 类的实例化

类只是概念的规格化表述，也就是说，类是抽象的概念，并不是具体的对象。要使用类，必须创建一个类的实例（instance），这个过程就是类的实例化。

要创建一个类的实例需要两步。第一步，必须声明该类类型的一个变量，这个变量没有定义一个实例。实际上，它只是一个能够引用实例的简单变量。第二步，该声明要创建一个对象的实际的物理拷贝，并把对于该对象的引用赋给该变量。这是通过使用 new 运算符实现的。new 运算符为对象动态分配（即在运行时分配）内存空间，并返回对它的一个引用。这个引用或多或少是 new 分配给对象的内存地址。然后这个引用被存储在该变量中。这样，在 Java 中，所有的类对象都必须动态分配。

在前面的例子中，用下面的语句来声明一个 Box 类型的对象：

```
Box mybox = new Box();
```

本例是将上面讲到的两步组合到一起，可以将该语句改写为下面的形式，以便将每一步讲得更清楚：

```
Box mybox; // declare reference to object
mybox = new Box(); // allocate a Box object
```

第一行声明了 mybox，把它作为对 Box 类型的对象的引用。当本句执行后，mybox 包含的值为 null，表示它没有引用对象。这时任何引用 mybox 的尝试都将导致一个编译错误。

第二行创建了一个实际的对象，并把对于它的引用赋给 mybox。现在可以把 mybox 作为 Box 的对象来使用。但实际上，mybox 仅仅保存实际的 Box 对象的内存地址。这两行语句的效果如图 6-3 所示。

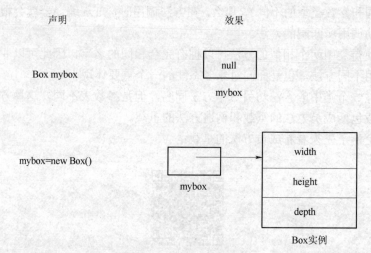

图 6-3 对象的实例化

6.4.2 类的构造方法与对象初始化

构造方法（也叫构造函数）是一种特殊的方法，主要用来在创建对象时初始化对象，即为对象成员变量赋初始值，总与 new 运算符一起使用在创建对象的语句中。

以下程序在 Box 类中定义了一个带参数的构造方法，可以在实例化时直接对 Box 的属性进行赋值。

【程序 6.5】

正如所看到的，每个对象被它的构造方法指定的参数初始化。例如，在下行中，

```
Box mybox1 = new Box(10, 20, 15);
```

当 new 创建对象时，值 10,20,15 传递到 Box( )构造方法。这样，对于 mybox1 的实例变量，width、height、depth 将分别包含值 10、20、15。

构造方法与一般的成员方法有较大的区别，主要有以下特点：

① 构造方法名与类名相同，且不指定类型说明。

② 可以重载，即可以定义多个参数个数不同的函数，系统可以根据参数的不同，自动调用正确的构造方法。

③ 程序中不能直接调用构造函数，在创建对象时，系统自动调用。

④ 可以不设计构造方法，如果在类中没有定义任何构造方法，则系统会自动生成一个构造方法。也就是说，每一个类必有一个构造方法（不管是程序员定义的，还是系统自动生成的）。

⑤ 若在初始化时还要执行一些其他命令，就必须设计构造方法，因为 Java 规定命令语句不能出现在类体中，只能放在方法中。

⑥ 当对一个类进行实例化且不指定任何参数时，例如 Box mybox1=new Box( );，系统会自动调用默认的构造方法，也就是只生成一个空的 Box 实例，而不带有任何属性值。

6.4.3 构造方法的重载

与成员方法相同，构造方法也可以被重载，以提供对象不同的初始化过程和属性值。下面这个例子展示了构造方法的重载。

【程序 6.6】

在这个程序中可以看到，Box 类定义了两个构造方法，其中第一个构造方法只定义了一个参数，当在实例化 Box 时，如果只传递一个参数，那么该 Box 实例的长、宽、高就分别为 1、1、15。

6.5 类及成员修饰符

如果对类及成员访问有特殊限制，就可以引入修饰符对类及其成员进行限定，以说明它们的性质、相互关系和适用范围。Java 中的修饰符分为两大类：访问性修饰符和功能性修饰符。

6.5.1 访问性修饰符

前面说过，封装将数据和处理数据的代码连接起来。同时，封装也提供另一个重要属性：访问控制（access control）。通过封装可以控制程序的哪一部分可以访问类的成员。通过控制访问，可以阻止对象的滥用。例如，通过只允许适当定义的一套方法来访问数据，能阻止该数据的误用。

一个成员如何被访问取决于修改它的声明的访问性修饰符（access specifier）。Java 的访问性修饰符有 public（公共的，全局的）、private（私有的，局部的）和 protected（受保护的）。Java 还定义了一个默认访问级别。

访问性修饰符可以修饰类、成员变量和成员方法，用于指示相应的可访问性，可以用表 6-1 来了解 Java 中的访问性修饰符的可访问性（★表示可以访问）。

表 6-1 访问性修饰符的作用范围

修饰符	同一个类	同一个包	不同包中的子类	所有类和包
public	★	★	★	★
protected	★	★	★	
default（默认）	★	★		
private	★			

1. public（公共）

① 由 public 修饰的类称为公共类，可被任何包中的任何类访问。通常情况下，类都被声明为公共的。

② 由 public 修饰的成员变量称为公共成员变量，可被任何包中的任何类访问。通常情况下，成员变量不会声明为公共的。

③ 由 public 修饰的方法称为公共方法，可被任何包中的任何类访问。通常情况下，方法都被声明为公共的。

2. private（私有）

① 由 private 修饰的类称为私有类，只能被声明它的类所使用。通常情况下，类不会被声明为私有的。

② 由 private 修饰的成员变量称为私有成员变量，只能被声明它的类所使用。通常情况下，成员变量都被声明为私有的。

③ 由 private 修饰的方法称为私有方法，只能被声明它的类所使用。

3. protected（受保护）

protected 修饰符可以修饰类、成员变量和方法，可被声明它的类和派生的子类及同一个包中的类访问。通常情况下，只有在设计基类和子类时，才考虑使用受保护的访问性。

4. package（包、默认）

没有修饰符时，表示默认访问性，即包访问性，可被声明它的类和同一个包中的其他类（包括派生子类）访问。

下面通过一个例子来理解关于 public 和 private 的访问性的作用：

【程序 6.7】

可以看出，在 Test 类中，a 使用默认访问指示符，在本例中与 public 相同。b 被显式地指定为 public。成员 c 被指定为 private，因此它不能被它的类之外的代码访问。所以，在 AccessTest 类中不能直接使用 c。对它的访问只能通过它的 public 方法：setc()和 getc()。如果编写语句"ob.c=100;// Error!"，则由于违规，不能编译这个程序。

6.5.2 功能性修饰符

功能性修饰符可以为其修饰的对象规定其特殊的作用和性质，被功能性修饰符修饰的类、变量和方法将会呈现出不一样的特点。Java 中的功能性符有很多，这里主要介绍常用的几个：

1. final（最终修饰符）

final 修饰符可以修饰类、变量和方法。

① 由 final 修饰的类称为最终类，其特点为不允许作为基类被扩展。也就是说，被 final 修饰的类不能被继承。

② 由 final 修饰的变量称为最终变量，也就是通常理解的常量。常量的特点是必须在声明时就要赋值，并且一旦赋值，就不允许更改，不能被再次赋值。

③ 由 final 修饰的方法称为最终方法，这种方法不能被重写。

2. static（静态修饰符）

通常情况下，类成员必须通过它的类的对象访问，但是可以创建这样一个成员，它能够被它自己使用，而不必引用特定的实例。在成员的声明前面加上关键字 static，就能创建这样的成员。如果一个成员被声明为 static，它就能够在它的类的任何对象创建之前被访问，而不必引用任何对象。

static 修饰符可以修饰成员变量和成员方法。

① 由 static 修饰的变量称为静态变量，声明为 static 的变量实质上就是全局变量。当声明一个对象时，并不产生 static 变量的拷贝，而是该类所有的实例变量共用同一个 static 变量。

② 由 static 修饰的方法称为静态方法，其最为重要的一个特点，就是静态方法的调用不需要将拥有这个方法的类进行实例化，即可调用这个静态方法。

下面的例子显示的类有一个 static 方法、一些 static 变量及一个 static 初始化块：

【程序 6.8】

一旦 UseStatic 类被装载，所有的 static 语句被运行。首先，a 被设置为 3，接着 static 块执行（打印一条消息），最后，b 被初始化为 12。然后调用 main( )，main( )调用 meth( )，把值 42 传递给 x。3 个 println( )语句引用两个 static 变量 a 和 b，以及局部变量 x。

注意：在一个 static 方法中引用任何实例变量都是非法的。

在定义它们的类的外面，static 方法和变量能独立于任何对象而被使用。这样，只要在类的名字后面加点号运算符即可。例如，如果希望从类外面调用一个 static 方法，可以使用下面通用的格式：

```
classname.method( )
```

这里，classname 是类的名字，method 是在该类中定义 static 方法。可以看到，这种格式与通过对象引用变量时调用非 static 方法的格式类似，一个 static 变量可以以同样的格式来访问（类名加点号运算符），这就是 Java 实现全局功能和全局变量的一种方式。JavaAPI 中的 Math 类就是一个典型的例子，常用的数学函数都在这个类中以静态方法的形式被定义，只需直接调用即可，而无须对 Math 类进行实例化。这个类的使用将在第 8 章进行介绍。

3. abstract（抽象修饰符）

abstract 修饰符可以修饰类与方法。

① 由 static 修饰的方法称为抽象方法，抽象方法指不存在方法体的方体，这种方法在定义时只有方法的名称、返回值类型和参数列表，但不定义方法的内容。

② 至少拥有一个抽象方法的类称为抽象类。也意味着只要定义了一个抽象方法，这个类就必须被定义为抽象类。抽象类只能作为基类被子类扩展，而不能被直接实例化。

关于抽象类和抽象方法的进一步讨论将在下一章进行。

6.6 类和对象任务实例

【任务描述】

构建一个日期的类，能表示年、月、日的信息，打印日期，并能根据日期信息判断该年是否是闰年，以及计算当前日期的下一天和上一天。

【任务分析】

① 一个日期的属性是什么呢？很简单，就是年、月、日三个整数，一个日期其实就是这三个整数的复合体，因此可以考虑作为日期的静态特征，将其定义为成员变量。为加强对属性数据的控制，考虑将其定义为私有访问性。

② 由于将属性定义为私有，因此定义了六个方法对三个属性进行读、写操作。

③ 判断某年是否是闰年，可以根据闰年判断公式来设计算法，"四年一闰，百年不闰，四百年再闰"。

④ 计算某个日期的下一天，主要是根据年、月、日当前的值，是否需要对年加一，或是对月加一。如果是 12 月 31 日，那么就要将年加一；再根据大月小月判断是否月要加一。计算某个日期的前一天也用此思路解决。

【任务实例】

【程序 6.9】

【任务思考】

1. 实例程序仅实现了计算当前日期的后一天的方法，请思考并添加计算当前日期的前一天的方法。

2. 在初始化日期的过程中，实例程序没有考虑输入数据的合法性问题，例如"2017-13-1"或"2017-11-34"。请思考并进行修改，使程序有较好的健壮性。

程序实作题

1. 请参考书中 Box 类的例子，设计一个 Box 类。这个类拥有长、宽、高、容积、使用容积五个属性；一个构造方法，传入三个参数初始化长、宽、高属性；一个计算容积方法，并将结果赋值给容积属性；一个装入盒子方法，可以改变使用容积属性；一个清空盒子方法，将盒子使用容积置为零；一个判断盒子是否装满的方法。

2. 请设计一个类 Dog，包含属性名字和年龄。定义一个构造方法，并定义获取与设置名字和年龄的方法。定义一个方法，计算并返回狗等效于人的年龄（狗的年龄乘以 7）。定义一个 toString 方法返回一行描述狗的字符串（例如：这是一只叫旺财的 2 岁的狗）。

3. 请设计一个求解一元二次方程 $ax^2+bx+c=0$ 的根的类。该类将 a、b、c 作为属性，并且还拥有一个字符串类型的结果属性，用于输出方程的结果；一个计算方程结果的方法，并把结果赋值给结果属性。（提示：可使用求根设计算法）

4. 请设计一个类，这个类创建的实例可以输出乘法口诀表。

5. 请设计一个类，这个类拥有三个 add 方法。使用方法的重载实现三个不同功能的 add 方法。

> - 传入两个整型变量参数，add 返回两个整数算术相加的结果；
> - 传入两个字符串变量参数，add 返回字符串连接的结果；
> - 传入两个布尔变量参数，add 返回两个布尔值逻辑与的结果。

第 7 章　类的继承与多态

学习目标

在本章中将学习以下内容：
- 类的继承性
- 子类与基类的关系
- 成员的隐藏
- super 与 this
- 方法的重写
- 使用抽象类
- 接口

7.1　类的继承性

继承是面向对象编程技术的一块基石，因为它允许创建分等级层次的类。运用继承，能够创建一个通用类，它定义了一系列相关项目的一般特性。该类可以被更具体的类继承，每个具体的类都增加一些自己特有的东西。在 Java 术语中，被继承的类叫基类（baseclass）或者超类（superclass），也有很多书把它叫作"父类"；继承超类的类叫子类（subclass）或者派生类（Derivedclass）。因此，子类是基类的一个专门用途的版本，它继承了基类定义的所有实例变量和方法，并且为它自己增添了独特的元素。

7.1.1　子类对基类的继承

子类的创建格式：
[＜修饰符＞] class ＜子类名＞ extends ＜基类名＞
{ … }

继承一个类，只要用 extends 关键字把一个类的定义合并到另一个中就可以了。为了理解怎样继承，从简短的程序开始。下面的例子创建了一个基类 A 和一个名为 B 的子类。

注意怎样用关键字 extends 来创建 A 的一个子类。

【程序 7.1】

从程序 7.1 可以看到，子类 B 包括它的基类 A 中的所有成员。这是程序中的对象 subOb 可以获取 i 和 j 及调用 showij( )方法的原因。同样，sum( )内部，i 和 j 可以被直接引用，就像它们是 B 的一部分。尽管 A 是 B 的基类，它也是一个完全独立的类。作为一个子类的基类，并不意味着基类不能被自己使用，并且一个子类可以是另一个类的基类。

只能给所创建的每个子类定义一个基类。Java 不支持多基类的继承。这就是 Java 的单一继承特性。可以按照规定创建一个继承的层次。该层次中，一个子类成为另一个子类的基类。然而，没有类可以成为它自己的基类。

7.1.2 成员的访问和继承

尽管子类可以拥有基类的所有成员，但它不能访问基类中被声明成 private 的成员。例如，考虑下面简单的类层次结构：

【程序 7.2】

该程序不会编译，因为 B 中 sum( )方法内部对 j 的引用是不合法的。既然 j 被声明成 private，它只能被它自己类中的其他成员访问，子类没权访问它。根据前面所介绍的关于类成员的访问性，子类只能访问基类中由 public 和 protected 所修饰的变量和方法。

7.1.3 关于继承的更实际的例子

看一个更实际的例子，该例子有助于阐述继承的作用。这里，前面章节改进的 Box 类将被再次扩展。它包括第四成员名 weight。这样，新的类将包含一个盒子的宽度、高度、深度和重量。

【程序 7.3】

BoxWeight 继承了 Box 的所有特征，并为自己增添了一个 weight 成员，这样没有必要让 BoxWeight 重新创建 Box 中的所有特征，为满足需要，只要扩展 Box 就可以了。

继承的一个主要优势在于一旦已经创建了一个基类，而该基类定义了适用于一组对象的属性，它可用来创建任何数量的说明更多细节的子类。每一个子类能够正好制作它自己的分类。例如，下面的类继承了 Box 并增加了一个颜色属性：

```
// Here, Box is extended to include color.
class ColorBox extends Box {
  int color; // color of box

  ColorBox(double w, double h, double d, int c) {
    width = w;
    height = h;
```

```
        depth = d;
        color = c;
    }
}
```

记住，一旦已经创建了一个定义了对象一般属性的基类，该基类可以被继承以生成特殊用途的类。每一个子类能够拥有基类中定义的属性和方法，并且也能增添它自己独特的属性，这是类的继承的特质。

7.2 成员隐藏和方法重写

7.2.1 成员的隐藏

当子类定义了与基类相同名字的成员（包括成员变量与成员方法）时，基类的成员将被"隐藏"，也就是说，子类的成员的定义将覆盖基类的成员。

下面这个例子展示了关于成员变量的隐藏。

【程序 7.4】

在程序 7.4 中，子类 B 隐藏了从基类 A 中继承的 double 类型的变量 y。在类 Example 中，"b.y=200"语句中的变量 y 就已经是整型了。

7.2.2 方法的重写

类层次结构中，如果子类中的一个方法与它基类中的方法有相同的方法名和类型声明，就称为子类中的方法重写（override）基类中的方法。从子类中调用重写方法时，它总是引用子类定义的方法，而基类中定义的方法将被隐藏。

通过方法重写，子类可以把基类的状态和行为改变为自己的状态和行为，更重要的是，行为的外部特征（名称或类型等）不改变，这样的机制使面向对象的可替换性得以实现，也体现了面向对象的多态性。

考虑下面程序：

【程序 7.5】

当一个 B 类的对象调用 show( )时，调用的是在 B 中定义的 show( )版本。也就是说，B 中的 show( )方法重写了 A 中声明的 show( )方法。

如果希望访问被重写的基类的方法，可以用 super 关键字（将在下一节介绍）。

方法覆盖仅在两个方法的名称和类型声明都相同时才发生。如果它们不同，那么两个方法就只是重写。例如，考虑下面的程序，它修改了前面的例子：

【程序 7.6】

B 中 show( )带有一个字符串参数，这使它的类型标签与 A 中的不同，A 中的 show( )没有带参数，因此没有覆盖（或名称隐藏）发生。

总的来说，方法在重写时一定要保证方法的名字、类型、参数个数和参数类型与基类中的方法完全相同，仅是重写子类方法的方法体内容。

7.2.3 重写与重载的区别

方法的重写 Override 和重载 Overload 是 Java 多态性的不同表现。重写 Override 是基类与子类之间多态性的一种表现，重载 Overload 是一个类中多态性的一种表现。

如果在子类中定义某方法与其基类有相同的名称和参数，则称为方法被重写（Override）。子类的对象使用这个方法时，将调用子类中的定义，对它而言，基类中的定义如同被"屏蔽"了，并且如果子类的方法名及参数类型和个数都与基类的相同，那么子类的返回值类型必须和基类的相同。

如果在一个类中定义了多个同名的方法，它们或有不同的参数个数，或有不同的参数类型，则称为方法的重载（Overload）。重载的返回值类型可以相同，也可以不同。

7.3　super 与 this

在程序 7.3 的例子中，从 Box 派生的类并没有体现出它们的实际上是多么有效和强大。例如，BoxWeight 构造函数明确地初始化了 Box( )的 width、height 和 depth 成员，这些重复的代码在它的基类中已经存在，这样做效率很低。同时，这意味着子类必须被允许具有访问这些成员的权力。然而，有时希望创建一个基类，该基类可以保持它自己实现的细节（也就是说，它保持私有的数据成员）。这种情况下，子类没有办法直接访问或初始化它自己的这些变量。所以 Java 提供了该问题的解决方案，当一个子类需要引用它直接的基类时，可以用关键字 super 来实现。

super 有两种通用形式：第一种调用基类的构造函数，第二种用来访问被子类的成员隐藏的基类成员。下面分别介绍每一种用法。

7.3.1 使用 super 调用基类构造函数

由于子类不能继承基类的构造方法，因此子类如果想使用基类的构造方法，必须使用关键字 super，形式如下：

```
super(parameter-list);
```

这里，parameter-list 定义了基类中构造函数所用到的所有参数。super( )必须在子类构造函数中的第一个执行语句中。

为了了解怎样运用 super( )，考虑下面 BoxWeight( )的改进版本：

【程序 7.7】

这里，BoxWeight( )调用带 w、h 和 d 参数的 super( )方法。这使 Box( )构造函数被调用，用 w、h 和 d 来初始化 width、height 和 depth。BoxWeight 不再自己初始化这些值。它只需初始化它自己的特殊值：weight。这种方法使 Box 可以自由地根据需要把这些值声明成 private。

当一个子类调用 super( )时，它调用它的直接基类的构造函数。这样，super( )总是引用调用类直接的基类，这甚至在多层次结构中也是成立的。还有，super( )必须是子类构造函数中的第一个执行语句。

7.3.2 使用 Super 访问被子类的成员隐藏的基类成员

Super 的第 2 种方法多数用于基类成员名被子类中同样的成员名隐藏的情况。在程序 7.5 中，如果需要调用基类中的 show( )方法，就可以在子类中使用 super 关键字，这样在子类中基类的 show( )方法将被调用。

【程序 7.8】

这里，super.show( )调用了基类的 show( )方法。
super 关键字不仅能在子类中调用基类的成员方法，还能访问基类中被隐藏的成员变量。

7.4 创建多级类层次

目前为止，已经用到了只含有一个基类和一个子类的简单类层次结构。然而，很多时候需要建立包含任意多层继承的类层次。前面提到，用一个子类作为另一个类的基类是完全可以接受的。例如，给定三个类 A、B 和 C。C 是 B 的一个子类，而 B 又是 A 的一个子类。当这种类型的情形发生时，每个子类继承它的所有基类的属性。这种情况下，C 继承 B 和 A 的所有方面。为了理解多级层次的用途，考虑下面的程序。该程序中，子类 BoxWeight 用作基类来创建一个名为 Shipment 的子类。Shipment 继承了 BoxWeight 和 Box 的所有特征，并且增加了一个名为 cost 的成员，该成员记录了运送这样一个小包的费用。

【程序 7.9】

因为继承关系，Shipment 可以利用原先定义好的 Box 和 BoxWeight 类，仅为自己增加特殊用途的其他信息。这体现了继承的部分价值：它允许代码重用。

该例阐述了另一个重要的知识点：super( )总是引用子类最接近的基类的构造函数。Shipment 中 super( )调用了 BoxWeight 的构造函数，BoxWeight 中的 super( )调用了 Box 中的构造函数。在类层次结构中，如果基类构造函数需要参数，那么不论子类需不需要参数，所有子类必须向上传递这些参数。

7.5 使用抽象类

上一章中学习了 abstract 修饰符修饰的方法称为抽象方法，拥有抽象方法的类称为抽象类，本节继续进一步讨论抽象类。

有些情况下，希望定义一个基类，该基类定义一种给定结构的抽象，但是不提供任何完整的方法实现。也就是说，有时希望创建一个只定义一个被它的所有子类共享的通用形式，由每个子类自己去填写细节。这样的类决定了子类所必须实现的方法的本性，这种情形下可能发生的一种情况是，基类不能创建一个方法，使其实现具有意义。

当创建自己的类库时会看到，基类中的方法没有实际意义并不罕见。有两种方法可以处理这种情况：第一种，如前面的例子所示，仅仅是报告一个出错消息，这种方式在某些场合是有用的；还有一种方法就是通过子类重写该方法以使它对子类有意义。例如，考虑 Triangle 类，如果不定义 area( )，它是毫无意义的。这种情况下，希望有方法确保子类真正重载了所有必需的方法。Java 对这个问题的解决是用抽象方法（abstract method）。

可以通过指定 abstract 类型修饰符由子类重写某些方法。这些方法有时被作为子类责任（subclasser responsibility）引用，因为它们在基类中没有指定方法的实现。这样子类必须重写它们。声明一个抽象方法，用下面的通用形式：

```
abstract type name(parameter-list);
```

正如所看到的，不存在方法体。

任何含有一个或多个抽象方法的类都必须声明成抽象类。声明一个抽象类，只需在类声明开始时在关键字 class 前使用关键字 abstract。抽象类是没有对象的，也就是说，一个抽象类不能通过 new 操作符直接实例化，因为抽象类是定义不完全的（方法没有方法体）。并且也不能定义抽象构造函数或抽象静态方法。所有抽象类的子类都必须执行基类中的所有抽象方法或者是它自己也声明成 abstract。

下面是具有一个抽象方法类的简单例题。该类后面是一个执行抽象方法的类：

【程序 7.10】

注意程序中声明 A 的对象。刚刚讲过，实例化一个抽象类是不可能的。另外一点要注意：类 A 实现一个具体的方法 callmetoo( )。这是完全可接受的，抽象类可以包括它们合适的很多实现。

因为 Java 运行时多态是通过使用基类引用实现的，所以尽管抽象类不能用来实例化，但是它们可以用来创建对象引用。这样，创建一个抽象类的引用是可行的，它可以用来指向一个子类对象。

7.6 接　　口

Java 不支持多重继承，即一个类只能有一个基类，或者说一个类不可以是多个类的子类。单一继承使 Java 简单，易于管理程序，但是却使程序扩展不够灵活。为了克服这个不足，Java 使用了接口（interface），接口解决了 Java 不支持多重继承的问题，可以通过实现多个接口达到与多重继承相同的功能，且比多重继承具有更强的功能。

接口可以看作是没有实现的方法和常量的集合。接口与抽象类相似，接口中的方法只是做了声明，而没有定义任何具体的操作方法。

接口有以下功能：
① 通过接口可以实现不相关类的相同行为，而不需要考虑这些类之间的层次关系。
② 通过接口可以指明多个类需要实现的方法。
③ 通过接口可以了解对象的交互界面，而不需了解对象所对应的类。

7.6.1 接口的声明与使用

1. 接口声明

我们曾使用 class 关键字来声明类，接口通过使用关键字 interface 来声明。格式如下：

```
interface 接口的名字
```

接口体中包含常量定义和方法定义两部分。接口体中只进行方法的声明，不允许提供方法的实现。所以，方法的定义没有方法体，且用分号";"结尾。例如：

```
interface Printable
{
   final int MAX=100;
   void add();
   float sum(float x ,float y);
}
```

在接口声明中要注意：
① Java 系统会自动把接口中声明的变量当作 static 和 final 类型，不管是否使用了这些修饰符。并且必须赋初值，这些变量值都不能被修改。
② 接口中的方法默认为 abstract 和 public，不管有没有这些修饰符。
③ 接口若是 public，该接口可被任意类实现，否则只被与接口在同一个包中类实现。
④ 接口若为 public，则接口中的变量也是 public。

2. 接口的使用

一个类通过使用关键字 implements 声明自己使用一个或多个接口。如果使用多个接口，用逗号隔开接口名。类引用接口不叫继承，而称为实现。例如：

```
class A implements Printable,Addable
```

这表示类 A 实现了接口 Printable 和接口 Addable。

```
class Dog extends Animal implements Eatable,Sleepable
```

这表示类 Dog 继承了类 Animal，并实现了接口 Eatable 和接口 Sleepable。

如果一个类要实现某个接口，那么这个类必须实现该接口的所有方法，即为这些方法提供方法体。需要注意的是，在类中实现接口的方法时，方法的名字、返回类型、参数个数及类型必须与接口中的完全一致。特别要注意的是，接口中的方法被默认是 public 的，所以类在实现接口方法时，一定要用 public 来修饰。另外，如果接口的方法的返回类型不是 void 的，那么在类中实现该接口方法时，方法体至少要有一个 return 语句。如果是 void 型，类体除了两个大括号外，可以没有任何语句。

Java 提供的接口都在相应的包中，通过引入包可以使用 Java 提供的接口。也可以自己定义接口，一个 Java 源文件就是由类和接口组成的。

看一个类实现接口的例子，在接口 Computable 中，声明了一个常量（值为 100），两个方法：f 和 g；类 A 和类 B 实现了 Computable。

【程序 7.11】

从程序 7.11 可以看到，类 A 与类 B 都是拥有方法 f 和 g。名称、参数、返回值类型都一样，但是方法执行的内容完全不一样，这也是面向对象多态性的体现。

7.6.2 接口与多态

接口的语法规则很容易记住，但真正理解接口更重要。在程序 7.11 中，如果去掉接口，并把 a.MAX 和 b.MAX 也去掉，程序的运行并不会有任何问题。那么为什么要用接口呢？

探讨如下一个场景：轿车、卡车、拖拉机、摩托车、大客车都是汽车的子类，其中汽车是一个抽象类，如果这时汽车定义三个抽象方法："刹车""收取费用""调节温度"，那么所有的子类都将要实现这三个方法，即给出方法体，产生各自的刹车、收取费用和调节温度的行为。这显然不符合人们的思维方式，因为拖拉机是没有"收取费用"和"调节温度"行为的，不能强迫拖拉机拥有它不需要的方法。那么如果把汽车的"收取费用""调节温度"的方法去掉呢？很明显，轿车、大客车就不能拥有这两个方法了，而这也是不符合具体情况的。那么能想到的解决方式就是允许多重继承，子类从不同的基类中继承不同的方法，但这样却又增加了子类的负担，因为并不能保证子类从若干个基类中继承的方法都是这个子类需要的。

Java 规定了单一继承的机制，以保证程序的健壮性和易维护，但这不利于程序的扩展，失去了灵活性。因此 Java 使用了接口，一个类可以实现多个接口，接口可以增加类需要的功能，不同的类可以使用相同的接口，同一个类也能实现多个接口。接口只关心功能，并不关心功能的具体实现，如"客车类"实现一个接口的"收取费用"方法，那么这个客车类必须给出怎样收取费用的操作，即给出方法的方法体。不同车类都可以实现"收取费用"，但"收取费用"的手段可能不同，这是"收取费用"的多态，即不同对象调用同一操作可能具有不同的行为。

7.6.3 接口的继承关系

1. 接口的单继承

接口可以被继承，即使用 extends 关键字声明一个接口是另一个接口的子接口，子接口将继承基接口中的全部方法和常量。格式如下：

```
interface ＜新接口名＞ extends ＜已有接口名＞
```

看一个简单的例子：

```
interface A{
  void F1();
}
interface B extends A{
  void F2();
}
class MyClass implements B{
  void F1( ){
    …
  }
  void F2( ){
    …
  }
}
```

接口 B 继承了接口 A，也就继承了方法 F1( )，如果一个类实现了接口 B，那么它必须实现接口 A 和接口 B 中的全部方法。

2. 接口的多重继承

在 Java 中，不支持类的多重继承，但支持接口的多重继承。格式如下：

```
interface ＜新接口名＞ extends ＜已有接口名 1＞[＜，接口名 2＞…]
```

要注意的是，引用接口时，必须实现接口中的所有方法，并且，创建的类如果不是抽象类，就必须实现接口的所有方法。

7.6.4　一个更实际的接口例子

看一个更实际的例子，来帮助理解接口。这里定义一个名为 Stack 的类，该类实现了一个简单的固定大小的堆栈。然而，有很多方法可以实现堆栈。例如，堆栈的大小可以固定，也可以不固定。堆栈还可以保存在数组、链表和二进制树中等。无论堆栈怎样实现，堆栈的接口保持不变。也就是说，push( )和 pop( )方法定义了独立实现细节的堆栈的接口。因为堆栈的接口与它的实现是分离的，很容易定义堆栈接口，而不用管每个定义实现细节。让我们看下面的例子。

【程序 7.12】

该程序中，mystack 是 IntStack 接口的一个引用。因此，当它引用 ds 时，它使用 DynStack 实现所定义的 push( )和 pop( )方法。当它引用 fs 时，它使用 FixedStack 定义的 push( )和 pop( )方法。已经解释过，这些决定是在运行时做出的。通过接口引用变量获得接口的多重实现是

Java 完成运行时多态的最有力的方法。

7.6.5 抽象类与接口的比较

抽象类与接口的比较如下：

① 抽象类和接口都可以有抽象方法；抽象类和接口都不能直接实例化。

② 接口中只能有常量，不能有变量；而抽象类中既可以有常量，也可以有变量。

③ 抽象类中可以有非抽象方法（实例方法），接口中不可以。

④ 抽象类是类，所以可以继承于某个基类，但只能单一继承，也能够实现接口；而接口只可以继承其他接口，但可以多重继承。

⑤ 抽象类和接口都是用来抽象具体对象的，但是接口的抽象级别更高。

⑥ 抽象类主要用来抽象类别，接口主要用来抽象功能。

在设计程序时，应当根据具体的问题来确定是使用抽象类还是接口，二者本质上都是让设计更加柔性化。那么什么时候使用抽象类或接口呢？有以下几点供参考：

① 如果拥有一些方法并且想让它们中的一些有默认实现，那么使用抽象类。

② 如果想实现多重继承，那么必须使用接口。

③ 如果基本功能在不断改变，那么就需要使用抽象类。如果不断改变基本功能并且使用接口，那么就需要改变所有实现了该接口的类。

④ 如果某个问题不需要大量的继承，只是需要若干个类给出某些重要的抽象方法的实现细节，那么使用接口。

程序实作题

1. 已有一个 Animal 类：

```
public class Animal{
  protected string AnimalName;
  public Animal(){}
  public void run(){
    System.out.println(Animal+"在奔跑。");
  }
  public void howl(){}
}
```

请设计两个 Animal 的子类 Cat 和 Dog，Cat 类的构造函数将 AnimalName 设置为"小猫"，Dog 类的构造函数将 AnimalName 设置为"小狗"；并将这两个类的 howl 方法进行重写，分别输出"喵喵"和"汪汪"。

2. 已有一个 Shape 类：

```
public class Shape{
  protected double Perimeter;
  protected double Area;
```

```java
    public double getPerimeter(){
      return Perimeter;
    }

    public double getArea(){
      return Area;
    }

    public void computePerimeter(){}

    public void computeArea(){}
}
```

请设计三个 Shape 类的子类：Circle 类（圆形）、Rectangle 类（矩形）、Triangle 类（三角形），重写 computePerimeter 和 computeArea 方法，分别实现对以上三种形状的周长和面积的计算。

3. 实现一个名为 Person 的类和它的子类 Employee，Manager 是 Employee 的子类，设计一个接口 Add 用于涨工资，普通员工一次能涨 10%，经理能涨 20%。

具体要求如下：

（1）Person 类中的属性有：姓名 name（String 类型）、地址 address（String 类型），并写出该类的构造方法；

（2）Employee 类中的属性有：工号 ID（String 型）、工资 wage（double 类型）、工龄（int 型），写出该类的构造方法；

（3）Manager 类中的属性有：级别 level（String 类型），写出该类的构造方法。

第 8 章 包与 Java 标准类库

学习目标

在本章中将学习以下内容：
- 包的概念、引用和创建
- Java 标准类库包的分类
- 字符串 String 类和 StringBuffer 类
- 数据包装类
- Math 类和 Random 类
- 日期时间实用工具类
- 集合类

8.1 包

包（package）是类的容器，用来保存划分的类名空间。例如，一个包允许创建一个名为 List 的类，可以把它保存在自己的包中，而不用考虑和其他地方的某个名为 List 的类相冲突。包以分层方式保存并被明确地引入新的类定义。

Java 要求每个类都必须用唯一的名称，将多个类放在一起时，要保证类名不重复。每个单独的类都有描述性的名称。同时，还需要有确保选用的类名是独特的且不和其他程序员选择的类名相冲突的方法。为了解决这个问题，Java 提供了把类名空间划分为更多易管理的块的机制。这种机制就是包，是类的组织方式，一个包对应一个文件夹。包既是命名机制，也是可见度控制机制。

在源程序中，可以声明类所在的包，并且在包内定义类。在包外的代码不能访问该类，这使类相互之间有隐私。

8.1.1 定义包

创建一个包是很简单的：只要包含一个 package 命令作为一个 Java 源文件的第一句就可以了。该文件中定义的任何类将属于指定的包。package 语句定义了一个存储类的名字空间。

如果省略 package 语句，类名被输入一个默认的没有名称的包（这是在以前不用担心包的问题的原因）。尽管默认包对于短的例子程序很好用，但对于实际的应用程序，它是不适当的。多数情况下，需要为自己的代码定义一个包。

下面是 package 声明的通用形式：

```
package pkg;
```

这里，pkg 是包名。例如，下面的声明创建了一个名为 MyPackage 的包。

```
package MyPackage;
```

Java 用文件系统目录来存储包。例如，任何声明的 MyPackage 中一部分类的.class 文件被存储在一个 MyPackage 目录中。记住这种情况是很重要的，目录名必须和包名严格匹配。

多个文件可以包含相同 package 声明。package 声明仅仅指定了定义的文件属于哪一个包。它不拒绝其他文件的其他方法成为相同包的一部分。多数实际的包伸展到很多文件。

可以创建包层次。为做到这点，只要将每个包名与它的上层包名用点号"."分隔开就可以了。一个多级包的声明的通用形式如下：

```
package pkg1[.pkg2[.pkg3]];
```

包层次一定要在 Java 开发系统的文件系统中有所反映。例如，一个由下面语句定义的包：

```
package Java.awt.image;
```

需要在文件系统的 Java\awt\image 中保存。一定要仔细选用包名。不能在没有对保存类的目录重命名的情况下重命名一个包。

总的来说，包是 Java 提供的一种区别类名空间的机制，是类的逻辑组织形式，一个包对应一个文件夹。包中还可以有包，称为包等级。当源程序中没有声明类所在的包时，Java 将类放在默认包中，即运行编译器的当前文件夹中。这时不能出现重复的类名。

8.1.2 包的引用

1. 引用包语句

格式：

```
import<包名1> [.<包名2>…].<类名>|*;
```

如果要使用某个包中的类，那么要记得在使用前引用这个类所在的包。如果有多个包或类，用"."分割，"*"表示包中所有的类。并且引用包的语句一定要放在类定义之前、包定义语句之后。

例如：

```
pakecge MyPack.First.Second;    //定义包
import  Java.awt.*;             // 导入 Java.awt 包中的所有类
public class Hello{             //类定义
}
```

2. 包的路径

由于 Java 使用文件系统来存储包和类，类名就是文件名，包名就是文件夹名。例如图 8-1 表示了包的层次和文件系统目录间的关系。

图 8-1 包的层次和文件系统目录间的关系

8.1.3 Java 的标准类库包

Java 提供了功能强大的类库，又称为 API 包。所谓 API（application program interface），即应用程序接口。API 包一方面提供丰富的类和方法供大家使用，如画图形、播放声音等，另一方面又负责和系统软硬件打交道，把用户程序的功能圆满实现。为了便于管理和使用，这些类都被分在了不同的包，就是 Java 的标准类库包。用户在使用这些类之前，通过 import 语句引入这些类所在的包，因此十分有必要了解一下这些包是怎样分类的，以便于在使用相应系统类时能快速找到它们。

许多 Java API 包都以 "Java." 开头，以区别于用户创建的包。接下来就看看常用的一些标准类库包，以及这些包中包含了哪些类。

1. Java.lang 包

Java.lang 包是 Java 语言的基础类库，包含基本数据类型、数学函数、字符串等。这是唯一自动引入每个 Java 程序的类库，也就是无须通过 import 即可使用这个包中的类。Java.lang 包中含有以下主要类：

① Object 类：是 Java 类层次的根，所有其他类都是由 Object 类派生出来的。其定义的方法在其他类中都能使用。如：复制方法 clone( )、获得对象类的 getClass( )方法、两个对象是否相等的 equals( )方法、将对象输出为字符串的 toString( )方法等。

② 数据类型包装类：Integer、Long、Double 等。

③ 数学 Math 类：如常数 E 和 PI、数学方法 sin 和 cos 等。Math 是最终类，其中的数据和方法都是静态的（直接用类名引用）。

④ 字符串 String 和 StringBuffer 类。

⑤ 系统 System 类：提供访问系统资源和标准输入/输出方法。如：System.out.print（＜输出量＞）、System.exit（0）（结束当前程序的运行）等。System 类的变量和方法都是 final 和 static。

⑥ 运行时 Runtime 类：可以直接访问运行时的资源。

⑦ 线程 Thread 类。

⑧ 类操作 class 和 classLoader 类。

⑨ 异常处理类 Throwable、Exception、Error 等。

2. Java.util 包

提供了实现各种低级实用功能的类，如日期类、集合类等。

① Date 类：构造方法 Date( )可获得系统当前日期和时间。

② Calender 类：将 Date 对象的数据转换成 YEAR、MONTH、DATE、DATE_OF_WEEK 等常量。Calender 类没有构造方法，可用 getInstance 方法创建一个实例，再调用 get 方法和常量获得日期或时间的部分值。

③ 随机数 Random 类。

3. Java.io 包

Java 语言的文件操作都是由其输入/输出类库中的输入/输出类（FileInputStream 和 FileOutputStream）实现的。Java.io 包除了包含标准输入、输出类外，还有缓存流、过滤流、管道流和字符串类等。

4. Java.net 包

支持 TCP/IP 网络协议,并包含 Socket 类及 URL 相关类。

5. Java.awt 包

提供了创建图形用户界面的全部工具。如:窗口、对话框、按钮、复选框、列表、菜单、滚动条和文本区等;用于管理组件排列的布局管理器类 Layout;常用颜色类 Color、字体类 Font。Java.awt.event 类库用来处理各种不同类型的事件。

6. Java.applet 包

是所有小应用程序的基础类库。它只包含了一个 Applet 类和三个接口 AppletContext、AppletStub、AudioClip,所有小应用程序都是从该类中派生的。

7. Java.security 包

包括 Java.security.acl 和 Java.security.interfaces 子类库,利用这些类可对 Java 程序进行加密、设定相应的安全权限等。

8.2 字符串类

在 Java 中字符串被定义为一个类,无论是字符串常量还是变量,都必须先生成 String 类的实例对象后才能使用。包 Java.lang 中封装了两个字符串类 String 和 StringBuffer,分别用于处理不变字符串和可变字符串。这两个类都被声明为 final,因此不能被继承。

8.2.1 字符串与字符串类

字符串是一个完整的字符序列,可以包含字母、数字和其他符号。在 Java 中,用双引号括起来的字符串是字符串常量,又称为无名字符串对象或字符串字面量,由 Java 自动创建。字符串常量可以赋给任何一个 String 对象引用,这样处理从表面上看起来和其他编程语言没有大的差别,照顾了程序员的习惯。那么 Java 将字符串定义为类有哪些好处呢?

首先,在任何系统平台上都能保证字符串本身及对字符串的操作是一致的。对于网络环境,这一点是至关重要的。

其次,String 和 StringBuffer 经过了精心设计,其功能是可以预见的。为此,二者都被说明为最终类,不能派生子类,以防用户修改其功能。

最后,String 和 StringBuffer 类在运行时要经历严格的边界条件检验,它们可以自动捕获异常,提高了程序的健壮性。

8.2.2 String 类

String 类位于 Java.lang 包中,用于处理在初始化后其内容不能被改变的字符串。

1. 字符串对象的构造

字符串变量的声明和其他类一样,格式如下:

```
String s;
```

当然,这时的 s 是一个空对象,没有形成实例,而实例化字符串对象又有三种方式:

(1)调用 String 的构造方法

例如:

```
    S=new String("This is a string");
```
也可写成：
```
    S="This is a string"
```
声明和实例化也可一步完成：
```
    String S=new String("This is a string");
```
或
```
    String S= "This is a string";
```
（2）可由字符数组构造字符串

例如：
```
    char cDem[]={'1','2','3','4'};
    String s=new String(cDem);
```
这时 s 的值为字符串 "1234"。

（3）可由字节数组构造字符串，用于已知字符的编码构造字符串

例如：
```
    Byte cDem[]={66,67,68};
    String s=new String(cDem);
```
这时 s 的值为字符串 "BCD"。（66 为字符 B 的 ASCII 码，依此类推）

2. String 类的常用方法

为了方便用户操作字符串，String 类提供了若干常见的字符串操作方法，下面介绍这些常见的方法。

（1）求字符串长度

方法：public int length( )

例：
```
    System.out.println("管理学院".length( ));   // 输出为 4
```
或
```
    String  s="GLXY";
    System.out.println(s.length( ));   //输出为 4
```
（2）字符串连接

方法：public String concat（String str）

例：
```
    String str="hello";
    str=str.concat("Hi");     // 与 str+"Hi" 等价
    System.out.println(str);  // 输出结果为 helloHi
```
注意，"+" 运算符也可以把一个非字符串的数值连接至字符串尾部，编译器将自动把非字符串转换为字符串再进行连接。

（3）字符串截取

方法 1：public char charAt（int index）

功能：返回第 index 个字符。

方法 2：public String substring（int start，[int end]）

功能：从第 start 开始截取字符串，end 代表结束位置。

例：
```
String s1="北京上海广州",s2=s1;
System.out.println(s1.charAt(2));     // 返回"上"
s1=s1.substring(2);
System.out.println(s1);      // 返回"上海广州"
System.out.println(s2.substring(2,4));    // 返回"上海"
```

（4）字符串比较

方法 1：boolean equals（String s）

功能：比较当前字符串对象的内容是否与参数指定的字符串 s 的内容相同。

方法 2：boolean equalsIgnoreCase（String s）

功能：比较当前字符串对象的内容是否与参数指定的字符串 s 的内容相同。比较时忽略大小写。

方法 3：int compareTo（String s）

功能：按字典顺序与参数 s 指定的字符串比较大小。如果这个字符串是等参数字符串，那么返回值 0；如果这个字符串是按字典顺序小于字符串参数，那么返回小于 0 的值；如果此字符串是按字典顺序大于字符串参数，那么返回大于 0 的值（即两个字符串的 ASCII 码的差值）。

方法 4：int compareToIgnoreCase（String s）

功能：与方法 3 相同，但比较时忽略大小写。

例：
```
String s1="ABCD",s2="ABC",s3="abc";
System.out.println(s1.equals(s2));             // false
System.out.println(s2.equals(s3));             // false
System.out.println(s2.equalsIgnoreCase(s3));   // true
System.out.println("A".compareTo("B"));        // -1,因为"A"比"B"小
System.out.println("B".compareTo("A"));        // 1,因为"B"比"A"大
System.out.println("ABC".compareTo("abc"));    //-32,是负数
System.out.println("ABC".compareToIgnoreCase("abc"));/*0,两个字符串忽略大小写
后相同*/
```

注意：运算符"=="比较两个对象是否引用同一个实例，而 equals( )才比较两个字符串中对应的每个字符值是否相同。

（5）复制到字符串

方法 1：static String copyValueOf（char[] data）

功能：将字符数组 data 的所有内容复制到字符串中。

方法 2：static String copyValueOf（char[] data ,int offset ,int count）

功能：将字符数组 data 的部分内容复制到字符串中。offset 为起始位置，count 为从起始位置开始计数长度。

例：
```
char c[]={'A','B','C','D','E'};
```

```
String s1=String.copyValueOf(c);        // s1 值是"ABCDE"
String s2=String.copyValueOf(c,1,3);    // s2 值是"BCD"
```
注意：copyValueOf 是一个静态方法。

（6）字符串大小写转换

方法 1：public String toLowerCase( )

功能：将字符串的所有字符转换为小写。

方法 2：public String toUpperCase( )

功能：将字符串的所有字符转换为大写。

例：
```
String s1="Abc",s2,s3;
s2=s1.toUpperCase( );     //s2 值是"ABC"
s3=s1.toLowerCase( );     //s3 值是"abc"
```

（7）字符串检索

方法 1：int indexOf（String s）

功能：在当前字符串中检索指定字符子串 s，返回 s 首次出现所在位置的整数，若找不到，则返回为–1。

方法 2：int lastIndexOf（String s）

功能：在当前字符串中检索指定字符子串 s，返回 s 最后一次出现所在位置的整数，若找不到，则返回为–1。

例：
```
String s1="ABABab";
System.out.println(s1.indexOf("a"));       // 返回 4
System.out.println(s1.indexOf("AB"));      // 返回 0
System.out.println(s1.lastIndexOf("AB"));  // 返回 2
```

（8）字符串转换为数组

方法 1：public byte[]getBytes（String enc）

功能：将当前字符串按参数 enc 所表示的字符集编码转换为字节数组。

方法 2：public char[]toCharArray( )

功能：将当前字符串转换为字符数组。

例：
```
byte b[];
char c[];
String s="计算机";
b=s.getBytes("UTF8");
c=s.toCharArray( );
System.out.println(b);    // 输出"[B@7676438d"
System.out.println(c);    // 输出"计算机"
```

（9）转换为字符串

String 类提供了一组 valueOf 方法用来将其他数据类型转换成字符串。其参数可以是任何数据类型（byte 类型除外），它们都是静态的，也就是说，不必创建实例化对象即可直接调用这些方法。

方法：public static String valueOf（数据类型 a）
功能：将某种数据类型的参数 a 转换为字符串。
例：
```
char c[]={'A','B','C','D','E'};
String s1,s2,s3;
s1=String.valueOf(c,1,3);    // 输出"BCD"
s2=String.valueOf(true);      // 输出"true"
s3=String.valueOf(94.5);      // 输出"94.5"
```

（10）字符串替换
方法：public String replace（String oldChar ,String newChar）
功能：把字符串中出现的所有指定字符串 oldChar 转换成新字符串 newChar。
例：
```
String s1="ABACAD",s2;
s2=s1.replace("A","Z");    // 结果为"ZBZCZD"
```

8.2.3 StringBuffer 类

StringBuffer 类表示可变字符串，可以在其中插入字符或在末尾添加字符。如果超出已分配的缓冲区，系统会自动地为它分配额外空间。主要用于完成字符串的动态添加、插入、删除等操作。

StringBuffer 类也保留了 String 类中常用的那些方法，如大小写转换、查找子串、截取子串等，同时还增加了完成添加、插入、删除等操作的方法，下面对这些新方法进行介绍。

1. append 方法

方法：public StringBuffer append（数据类型 a）
功能：在已有字符串末尾添加某数据类型的参数 a。
例：
```
char data[]={'a','b','c','d','e'};
StringBuffer buffer=new StringBuffer( );  //定义一个StringBuffer对象
buffer.append(100);  //添加整型
buffer.append('*');  //添加字符
buffer.append(2.50F);  //添加float型
buffer.append("is equal to");  //添加字符串
buffer.append(250.000);  //添加double型
buffer.append(data);  //添加字符数组
System.out.print(buffer);  //输出为"100*2.50is equal to250.000abcde"
```

2. insert 方法

方法：public synchronized StringBuffer insert（int offset，数据类型 a）
功能：在 offset 位置插入某数据类型的参数 a，总长度增加。

例：
```
StringBuffer buffer=new StringBuffer( );
buffer.insert(0,100);
buffer.insert(0,2.5F);
buffer.insert(3,'*');
buffer.insert(0,250.0);
buffer.insert(5," is equal to ");
System.out.print(buffer);   //输出为"250.0 is equal to 2.5*100"
```

3. delete 方法

方法：public StringBuffer delete（int start ,int end）

功能：在当前字符串中删除从 start 位置开始，到 end 位置结束的子字符串。

例：
```
StringBuffer buffer=new StringBuffer("北京上海广州天津");
System.out.println(buffer.delete(1,3));   //输出"北海广州天津"
```

4. reverse 方法

方法：public StringBuffer reverse( )

功能：将当前字符串的序列进行反转。

例：
```
StringBuffer buffer=new StringBuffer("北京上海广州天津");
System.out.println(buffer.reverse( ));   //输出"津天州广海上京北"
```

8.3 数据类型包装器类

8.3.1 包装器类

由于性能的原因，Java 使用简单的类型，例如整型（int）和字符型（char）。这些数据类型不是对象层次结构的组成部分。它们通过值传递给方法，而不能直接通过引用传递。并且也没有办法使两种方法对整型（int）引用同一实例（sameinstance）。有时需要对这些简单的类型建立对象表达式或是为这个类型实现一些操作，就需要在类中包装简单类型。为了满足这种需要，Java 提供了与每一个简单类型相应的类。本质上，这些类在类中包装简单类型。因此，它们通常被称作类型包装器或包装器类（wrappers）。

下面是基本数据类型和包装的对照（前面的是基本数据类型，后面的是包装器类）：

- boolean   Boolean
- byte   Byte
- char   Character
- short   Short
- int   Integer
- long   Long
- float   Float

● double　Double

很容易看到，包装器类首字母是大写的。

8.3.2　包装器类的方法

所有的包装类都有共同的方法，下面介绍一些常用的方法：

① 带有基本值参数并创建包装类对象的构造函数。例如：

```
Integer obj=new Integer(145);
Double obj=new Double(25.342);
```

② 带有字符串参数并创建包装类对象的构造函数。例如：

```
Long obj=new Long("746536722");
Boolean obj=new Boolean("true");
```

③ "自动装箱"和"自动拆箱"。自动装箱就是自动把基本数据类型封装成对应的对象类型；自动拆箱就是自动把对象里面的值提取出来。例如：

```
Double od=35.32;　//自动装箱
Integer obj=new Integer(145);　　//自动拆箱
int i=obj;　//i 的值为 145
```

④ 生成字符串的 toString( )方法。例如：

```
System.out.println(Integer.toString(145));　//将整数转换为字符串，输出"145"
System.out.println(Integer.toBinaryString(145));
//按二进制将整数转换为字符串，输出"10010001"
System.out.println(Integer.toOctalString(145));
//按八进制将整数转换为字符串，输出"221"
System.out.println(Integer.toHexString(145));
//按十六进制将整数转换为字符串，输出"91"
System.out.println(Double.toString(25.342));
//将浮点型转换为字符串，输出"25.342"
```

⑤ 将基本类型转换为包装类型的 valueOf( )方法。把简单类型转换为对象类型，或把字符串类型解析为包装器类型。例如：

```
Integer oi1=Integer.valueOf(1234);　　//把整型字面量 1234 转换为包装器对象
Integer oi1=Integer.valueOf("1234");　　//以十进制把字符串解析为数字
Integer oi1=Integer.valueOf("1234",16);　　//以十六进制把字符串解析为数字
```

⑥ 将字符串转换为基本数据类型的 parseType 方法。例如：

```
int i=Integer.parseInt("145");　　//将字符串"145"转换为整型,i 的值为 145
double d=Double.parseDouble("45.23");
//将字符串"45.23"转换为浮点型,d 的值为 45.23
boolean b=Boolean.parseBoolean("true");
//将字符串"true"转换为布尔型,b 的值为 true
```

在一些实际情况中，运用 Java 包装器类来解决问题，能大大提高编程效率。

8.4 Math 类与 Random 类

8.4.1 Math 类

Math 类是一个最终类，主要用于数学计算，包含了几何学、三角函数计算及几种一般用途方法的浮点函数，这些函数方法都被定义为静态方法，可直接在程序中加 Math 前缀调用。常用的有：

1. 三角函数及反三角函数

```
static double sin(double a)      // 正弦函数，参数为弧度
static double cos(double a)      // 余弦函数，参数为弧度
static double tan(double a)      // 正切函数，参数为弧度
static double asin(double arg)   //反正弦函数，返回正弦值为 arg 的弧度
static double acos(double arg)   //反余弦函数，返回余弦值为 arg 的弧度
static double atan(double arg)   //反正切函数，返回正切值为 arg 的弧度
static double atan2(double x, double y)  //返回正切值为 x/y 的弧度
```

2. 幂、指函数、对数函数

```
static double exp(double arg)  //返回 arg 的 e
static double log(double arg)  //返回 arg 的自然对数值
static double pow(double y, double x)  //返回以 y 为底数，以 x 为指数的幂值
static double sqrt(double arg)  //返回 arg 的平方根
```

3. 舍入函数

```
static int abs(int arg)  //返回 arg 的绝对值
static double ceil(double arg)   //返回大于或等于 arg 的最小整数
static double floor(double arg)  //返回小于或等于 arg 的最大整数
static int max(int x, int y)  //返回 x 和 y 中的最大值
static int min(int x, int y)  //返回 x 和 y 中的最小值
static double rint(double arg)  //返回最接近 arg 的整数值
static long round(double arg)  //返回 arg 的只入不舍的最近的长整型（long）值
```

4. 其他函数

```
static double random( )  //返回一个伪随机数，其值介于 0 与 1 之间
static double toRadians(double angle)  //角度转换为弧度
static double toDegrees(double angle)  //弧度转换为角度
```

5. 两个重要数学常数

```
final double E   //自然常数 2.718281828459045
final double PI  //圆周率 3.141592653589793
```

下面通过一个例子来看看 Math 类的使用：

【程序 8.1】

8.4.2 Random 类

Math 类能通过 random 方法产生一个 0~1 的随机浮点数,但有时希望产生一个随机的整数,并能指定产生的范围,或是需要按某种概率产生随机数,那么 Math 的 random 方法就不能很简单实现了。所以在 Java 中还提供了一个专门用于产生随机数的 Random 类,被放置在 Java.util 包中,它可以通过实例化一个 Random 对象来创建一个随机数生成器。

Random 类有两个构造方法:

1. Random( )

以这种方式实例化对象时,Java 编译器以系统当前时钟作为随机数生成器的种子,因为时间是在不停变化的,因此可以保证产生的随机数不同。但如果运行速度太快,比如在一个微秒内产生了两个随机数,这时这两个随机数将会相同。那么就需要第二个构造方法来产生随机数。

2. Random(long seedValue)

这种方法的随机数生成器种子由长整型参数 seedValue 来决定,以避免在一个时刻产生出相同的随机数。

构造方法仅创建了随机数生成器,而不是产生随机数,必须调用生成器的方法才能产生随机数。Random 类中常用的随机数生成方法见表 8-1。

表 8-1 Random 类中常用的随机数生成方法

方法	描述
int nextInt( )	返回一个随机整数
int nextInt(int n)	返回一个大于等于 0 且小于 10 的随机整数
long nextLong( )	返回一个随机长整型数
boolean nextBoolean( )	返回一个随机布尔值
float nextFloat( )	返回一个随机单精度浮点数
double nextDouble( )	返回一个随机双精度浮点数
double nextGaussian( )	返回一个概率密度为高斯分布的随机双精度值

下面通过一个例子来看看 Random 类是怎样产生随机数的:

【程序 8.2】

在使用 Random 类产生随机数时，需要注意以下两点：
① 要在类定义前引入 Java.util.Random。
② 如果要产生一个大于等于 min 且小于 max 的随机整数，可以使用以下公式：

```
nextInt(max-min)+min
```

8.5 时间日期实用工具类

本节将介绍与日期和时间有关的几个类，它们被放在 Java.util 包中。

8.5.1 Date 类

Date 类封装当前的日期和时间，也可以封装一个特定日期。Date 支持下面的构造函数：

```
Date( )
Date(long millisec)
```

第一种形式的构造函数用当前的日期和时间初始化对象；第二种形式的构造函数接收一个参数，该参数等于从 1970 年 1 月 1 日午夜起至今的毫秒数的大小。Date 类中常用的方法见表 8-2。

表 8-2 Date 类中的常用方法

方法	描述
boolean after(Date date)	如果调用 Date 对象所包含的日期迟于由 date 指定的日期，则返回 true；否则返回 false
boolean before(Date date)	如果调用 Date 对象所包含的日期早于由 date 指定的日期，则返回 true；否则返回 false
int compareTo(Date date)	将调用对象的值与 date 的值进行比较。如果这两者数值相等，则返回 0；如果调用对象的值早于 date 的值，则返回一个负值；如果调用对象的值晚于 date 的值，则返回一个正值
boolean equals(Object date)	如果调用 Date 对象包含的时间和日期与由 date 指定的时间和日期相同，则返回 true；否则，返回 false
long getTime( )	返回自 1970 年 1 月 1 日起至今的毫秒数的大小
void setTime(long time)	按 time 的指定，设置时间和日期，表示自 1970 年 1 月 1 日午夜至今的以毫秒为单位的时间值
String toString( )	将调用 Date 对象转换成字符串并且返回结果

通过下面这个例子来了解 Date 类的使用。

【程序 8.3】

从上面的介绍和例子中可以看到 Date 类能构造日期对象、修改日期对象、比较日期，但是参数单位却是毫秒，这明显不符合对日期的正常理解。因此，在真正构造日期对象时，通常都用 Calendar 类。

8.5.2 Calendar 类

抽象 Calendar 类提供了一组方法，这些方法允许将以毫秒为单位的时间转换为一组有用的分量：年、月、日、小时、分和秒。这样才能符合对日期与时间的处理习惯。

Calendar 定义了下面的 int 类型的值，用于得到或设置日历分量，见表 8-3。

表 8-3　Calendar 中定义的分量

分量	说明	分量	说明	分量	说明
AM	上午	DAY_OF_WEEK	当日是当前周的第几日	JANUARY	一月
PM	下午	DAY_OF_YEAR	当日是当年的第几日	FEBRUARY	二月
AM_PM	指示当前时间是上午或下午	DAY_OF_MONTH	当日是当月的第几日	MARCH	三月
YEAR	年	DAY_OF_WEEK_IN_MONTH	以当月 1 号为基准，当日是本月的第几周	APRIL	四月
MONTH	月	SUNDAY	星期日	MAY	五月
DATE	日期	MONDAY	星期一	JUNE	六月
HOUR	小时	TUESDAY	星期二	JULY	七月
MINUTE	分	WEDNESDAY	星期三	AUGUST	八月
SECOND	秒	THURSDAY	星期四	SEPTEMBER	九月
MILLISECOND	毫秒	FRIDAY	星期五	OCTOBER	十月
WEEK_OF_MONTH	当前周是当月的第几周	SATURDAY	星期六	NOVEMBER	十一月
WEEK_OF_YEAR	当前周是当年的第几周	ERA	指示公元前或公元后	DECEMBER	十二月

Calendar 定义的一些常用的方法见表 8-4。

表 8-4　Calendar 类的常用方法

方法	描述
abstract void add(int which,int val)	将 val 加到由 which 指定的时间或日期分量。为了实现减功能，可以加一个负数。which 必须是由 Calendar 定义的域之一，例如 Calendar.HOUR
final int get(int calendarField)	返回调用对象的一个分量的值。该分量由 calendarField 指定。可以被请求的分量的示例有：Calendar.YEAR、Calendar.MONTH、Calendar.MINUTE 等
static Calendar getInstance( )	对默认的地区和时区，返回一个 Calendar 对象

续表

方法	描　　述
final void set(int which,int val)	在调用对象中,将由 which 指定的日期和时间分量赋给由 val 指定的值。which 必须是由 Calendar 定义的域之一
final void set(int year,int month,int dayOfMonth)	设置调用对象的各种日期和时间分量
final void set(int year,int month,int dayOfMonth,int hours,int minutes)	设置调用对象的各种日期和时间分量
final void set(int year,int month,int dayOfMonth,int hours,int minutes,int seconds)	设置调用对象的各种日期和时间分量
final void setTime(Date d)	设置调用对象的各种日期和时间分量。该信息从 Date 对象 d 中获得

再通过一个例子来了解 Calendar 类的使用。

【程序 8.4】

通过程序 8.4,会发现当想输出 Calendar 实例的日期时间时,格式比较奇怪,不符合日常的习惯。要想按习惯的格式输出日期时间的字符串,只有对每个分量进行字符串的手工格式化,比较麻烦,Java 提供了解决的方式:

8.5.3　DateFormat 类

Date 类和 Calendar 类默认的字符串转换方法得到的日期格式是英文格式,不能让世界各个地区的用户都习惯,因此 Java 提供了日期的格式化器,帮助把日期对象转换为特定的字符串形式。

Java 提供的日期格式化器就是 DateFormat 类,被放置于 Java.text 包中。

由于 DateFormat 提供了世界主要国家和地区的日期时间格式,在这里就不一一介绍了,下面通过一个中文日期格式为例子来了解 DateFormat 类的使用,如有其他地区格式的需要,只需调整参数 Locale 的枚举值即可。

【程序 8.5】

8.6　集　合　类

Java 提供集合类的目的是"保存多个数据/对象",并提供一种比数组更灵活的数据集合方式。

在 Java 中，集合类存在于 Java.util 包中，并通过几个框架使程序处理对象组的方法标准化。这样做的好处是，第一点，这种框架是高性能的。对基本类集（动态数组、链接表、树和散列表）的实现是高效率的。一般很少需要人工去对这些"数据引擎"编写代码（如果有的话）。第二点，框架必须允许不同类型的类集以相同的方式和高度互操作方式工作。第三点，类集必须是容易扩展和/或修改的。为了实现这一目标，类集框架被设计成包含一组标准的接口。对这些接口，提供了几个标准的实现工具（例如 LinkedList、HashSet 和 TreeSet）。如果你愿意的话，也可以实现你自己的类集。为了方便起见，可以创建用于各种特殊目的的实现工具。一部分工具可以使你的类集实现起来更加容易。第四点，增加了允许将标准数组融合到类集框架中的机制。

这些框架在 Java 中主要分为两类：

① 集合接口，包括 Set 和 List。Set 表示不允许容纳重复元素的集合；List 表示可以容纳重复元素的集合。

② 映射接口 Map，表示存储键/值对的集合，每个键/值对称为一项。

Java 提供了若干对这三个接口实现的类，以完成对不同要求的集合的实现和操作。

8.6.1 集合接口

类集框架定义了几个接口，决定了集合框架各类的基本特性。不同的是，具体类仅仅是提供了标准接口的不同实现。支持集合的接口见表 8-5。

表 8-5 集合框架的主要接口

接口	描 述
Collection	集合框架的顶层接口，定义了操作对象集合的共同方法
List	扩展 Collection，处理有序的、可重复元素的列表
Set	扩展 Collection，处理无序的、无重复元素的列表
SortedSet	扩展 Set，对 Set 中的元素进行排序

1. Collection 接口

Collection 接口是构造集合框架的基础。它声明所有集合类都将拥有的核心方法，见表 8-6。因为所有集合类都实现 Collection，所以熟悉它的方法对于清楚地理解框架是非常必要的。

表 8-6 Collection 接口定义的主要方法

方法	描 述
boolean add(Object obj)	将 obj 加入调用类集中。如果 obj 被加入类集中，则返回 true；如果 obj 已经是类集中的一个成员或类集不能被复制，则返回 false
boolean addAll(Collection c)	将 c 中的所有元素都加入调用类集，如果操作成功（也就是说元素被加入了），则返回 true；否则返回 false
void clear( )	从调用类集中删除所有元素

方法	描述
boolean contains(Object obj)	如果 obj 是调用类集的一个元素，则返回 true；否则，返回 false
boolean equals(Object obj)	如果调用类集与 obj 相等，则返回 true；否则返回 false
boolean isEmpty( )	如果调用类集是空的，则返回 true；否则返回 false
Iterator iterator( )	返回调用类集的迭代程序
Boolean remove(Object obj)	从调用类集中删除 obj 的一个实例。如果这个元素被删除了，则返回 true；否则返回 false
Boolean removeAll(Collection c)	从调用类集中删除 c 的所有元素。如果类集被改变了（也就是说元素被删除了），则返回 true；否则返回 false
Boolean retainAll(Collection c)	删除调用类集中除了包含在 c 中的元素之外的全部元素。如果类集被改变了（也就是说元素被删除了），则返回 true；否则返回 false
int size( )	返回调用类集中元素的个数
Object[]toArray( )	返回一个数组，该数组包含了所有存储在调用类集中的元素。数组元素是类集元素的复制

2. List 接口

List 接口扩展了 Collection 并声明存储一系列元素。用户可以使用一个基于零的下标（元素在 List 中的位置，类似数组下标）来访问 List 中的元素，并通过它们在列表中的位置被插入和访问。一个列表可以包含重复的元素。

3. Set 接口

Set 接口扩展了 Collection 并声明不可重复的元素，即任意两个元素 e1 和 e2 都有：e1.equals(e2)==false，Set 最多有一个 null 元素，它本身并没有定义任何附加的方法。

4. SortedSet 接口

SortedSet 接口扩展了 Set，并说明了按升序排列的集合的特性。SortedSet 定义了几种方法，使得对集合的处理更加方便。调用 first( )方法，可以获得集合中的第一个对象。调用 last( )方法，可以获得集合中的最后一个元素。调用 subSet( )方法，可以获得排序集合的一个指定了第一个和最后一个对象的子集合。如果需要得到从集合的第一个元素开始的一个子集合，可以使用 headSet( )方法。如果需要获得集合尾部的一个子集合，可以使用 tailSet( )方法。

Java 提供了若干对这三个接口实现的类，以完成对不同要求的集合的实现和操作。

8.6.2 实现 List 接口的类

已经熟悉了 List 接口，下面开始讨论实现它们的标准类。一些类提供了完整的可以被使用的工具。另一些类是抽象的，提供主框架工具，作为创建具体类集的起始点。这里主要介绍可直接使用的实例类：ArrayList、LinkedList、Vector 和 Stack。这几个类虽然在内部实现上有所不同，但由于实现了相同的接口，其使用方式基本相同。下面对它们进行介绍。

1. ArrayList 类

ArrayList 支持可随需要而增长的动态数组。在 Java 中，标准数组是定长的。在数组创建之后，它们不能被加长或缩短，这也就意味着必须事先知道数组可以容纳多少元素。但是，很多时候直到运行时才能知道需要多大的数组。为了解决这个问题，类集框架定义了 ArrayList。本质上，ArrayList 是对象引用的一个变长数组，也就是说，ArrayList 能够动态地增加或减小其大小。

ArrayList 有如下的构造函数：

```
ArrayList( )
ArrayList(Collection c)
ArrayList(int capacity)
```

其中第一个构造函数建立一个空的 ArrayList。第二个构造函数建立一个 ArrayList，该 ArrayList 由类集 c 中的元素初始化。第三个构造函数建立一个 ArrayList，有指定的初始容量（capacity）。

下面通过一个程序展示了 ArrayList 的一个简单应用。首先创建一个 ArrayList，接着添加类型 String 的对象。接着列表被显示出来。将其中的一些元素删除后，再一次显示列表。

【程序 8.6】

2. LinkedList 类

LinkedList 类提供了一个链接列表数据结构。它具有如下两个构造函数：

```
LinkedList( )
LinkedList(Collection c)
```

第一个构造函数建立一个空的链接列表；第二个构造函数建立一个链接列表，该链接列表由类集 c 中的元素初始化。

除了它继承的方法之外，LinkedList 类本身还定义了一些有用的方法，这些方法主要用于操作和访问链表。使用 addFirst( )方法可以在链表头增加元素；使用 addLast( )方法可以在链表的尾部增加元素。它们的形式如下所示：

```
void addFirst(Object obj)
void addLast(Object obj)
```

这里，obj 是被增加的项。

调用 getFirst( )方法可以获得第一个元素。调用 getLast( )方法可以得到最后一个元素。它们的形式如下所示：

```
Object getFirst( )
Object getLast( )
```

为了删除第一个元素，可以使用 removeFirst( )方法；为了删除最后一个元素，可以调用 removeLast( )方法。它们的形式如下所示：

```
Object removeFirst( )
```

```
Object removeLast( )
```
接下来通过一个程序了解 LinkedList 的使用。

【程序 8.7】

因为 LinkedList 实现 List 接口，调用 add（Object）将项目追加到列表的尾部，如同 addLast( )方法所做的那样。使用 add( )方法的 add（int，Object）形式，插入项目到指定的位置，如程序中调用 add（1，"A2"）的举例。

注意如何通过调用 get( )和 set( )方法而使 ll 中的第三个元素发生了改变。为了获得一个元素的当前值，通过 get( )方法传递存储该元素的下标值。为了对这个下标位置赋一个新值，通过 set( )方法传递下标和对应的新值。

3. Vector 类与 Stack 类

Vector 类类似于 ArrayList，但是 Vector 是同步的，在多个线程同时访问时，安全性更好，但这也使它的性能稍差。

Stack 类继承自 Vector 类，实现了一个先进后出的栈结构。Stack 类提供了 5 个额外的方法实现栈的操作。

- boolean empty( )：此方法测试堆栈是否为空。
- peek( )：此方法会查看栈顶元素，但不从栈中删除。
- pop( )：此方法会删除在该堆栈的顶部的对象，并返回该对象作为该函数的值。
- push(E item)：此方法推入 item 到这个堆栈的顶部。
- int search(Object o)：此方法返回从 1 开始的位置，一个对象在栈中。

8.6.3 实现 Set 接口的类

与 List 接口相似，Set 接口也提供了一些抽象类和具体实现的类。我们也同样只介绍可直接使用的实例类：HashSet、TreeSet、LinkedHashSet。这几个类虽然在内部实现上有所不同，但由于实现了相同的接口，其使用方式基本相同。TreeSet 另外实现了 SortedSet 接口，可以对集合中的元素排序。

1. HashSet 类

HashSet 扩展 AbstractSet 并且实现 Set 接口。它创建一个类集，该类集使用散列表进行存储。散列表通过使用称为散列法的机制来存储信息。在散列（hashing）中，一个关键字的信息内容被用来确定唯一的一个值，称为散列码（hash code）。散列码被用来当作与关键字相连的数据的存储下标。关键字到其散列码的转换是自动执行的——你看不到散列码本身，你的程序代码也不能直接索引散列表。散列法的优点在于即使对于大的集合，对集合的基本操作时间复杂度也不会太高。

HashSet 类有四种构造函数：
```
HashSet( )
HashSet(Collection c)
```

```
HashSet(int capacity)
HashSet(int capacity, float fillRatio)
```

第一种形式构造一个默认的散列集合。第二种形式用 c 中的元素初始化散列集合。第三种形式用 capacity 初始化散列集合的容量。第四种形式用它的参数初始化散列集合的容量和填充比（也称为加载容量）。填充比必须介于 0.0 与 1.0 之间，它决定在散列集合向上调整大小之前，有多少能被充满。具体地说，就是当元素的个数大于散列集合容量乘以它的填充比时，散列集合被扩大。对于没有获得填充比的构造函数，默认使用 0.75。

HashSet 没有定义任何超过它的超类和接口提供的其他方法。

需要注意，散列集合并没有确保其元素的顺序，因为散列法的处理通常不让自己参与创建排序集合。如果需要排序存储，另一种类集——TreeSet 将是更好的选择。

这里是一个说明 HashSet 的例子：

【程序 8.8】

如上面解释的那样，元素并没有按顺序进行存储。

2. TreeSet 类

TreeSet 为使用树来进行存储的 Set 接口提供了一个工具，对象按升序存储。访问和检索速度较快。在存储了大量的需要进行快速检索的排序信息的情况下，TreeSet 是一个很好的选择。

下面的构造函数定义为：

```
TreeSet( )
TreeSet(Collection c)
TreeSet(Comparator comp)
TreeSet(SortedSet ss)
```

第一种形式构造一个空的树集合，该树集合将根据其元素的自然顺序按升序排序。第二种形式构造一个包含了 c 的元素的树集合。第三种形式构造一个空的树集合，它按照由 comp 指定的比较函数进行排序。第四种形式构造一个包含了 SortedSet 对象的元素的树集合。

除常见的 add( )、celar( )、remove( )等方法外，TreeSet 还根据对有序元素访问的特点提供以下方法：

Object first( )：返回第一个（最低）元素。

Object last( )：返回最后一个（最高）元素。

Object floor（Object e）：返回小于等于给定元素的最大元素。

Object higher（Object e）：返回大于给定元素的最小元素。

Object lower（Object e）：返回小于给定元素的最大元素。

Object pollFirst( )：获取并移除第一个（最低）元素。

Object pollLast( )：获取并移除最后一个（最高）元素。

接下来结合 HashSet 和 TreeSet 来了解它们的特点。

【程序 8.9】

从输出结果可以明显看到，TreeSet 中的元素会按自然顺序自动排列，HashSet 和 TreeSet 都不会有重复元素。

8.6.4 通过迭代接口访问集合类

通常都需要循环遍历类集中的元素，而处理这个问题的最简单方法是使用 iterator，iterator 是一个或者实现 Iterator 或者实现 ListIterator 接口的对象。Iterator 可以完成循环通过类集，从而获得或删除元素。ListIterator 扩展 Iterator，允许双向遍历列表，并可以修改单元。Iterator 接口的常用方法见表 8-7。ListIterator 接口的常用方法见表 8-8。

表 8-7 Iterator 接口的常用方法

方法	描述
boolean hasNext( )	如果存在更多的元素，则返回 true；否则返回 false
Object next( )	返回下一个元素。如果没有下一个元素，则引发 NoSuchElementException 异常
void remove( )	删除当前元素，如果试图在调用 next( )方法之后，调用 remove( )方法，则引发 IllegalStateException 异常

表 8-8 ListIterator 接口的常用方法

方法	描述
void add(Object obj)	将 obj 插入列表中的一个元素之前，该元素在下一次调用 next( )方法时，被返回
boolean hasNext( )	如果存在下一个元素，则返回 true；否则返回 false
boolean hasPrevious( )	如果存在前一个元素，则返回 true；否则返回 false
Object next( )	返回下一个元素，如果不存在下一个元素，则引发一个 NoSuchElementException 异常
int nextIndex( )	返回下一个元素的下标，如果不存在下一个元素，则返回列表的大小
Object previous( )	返回前一个元素，如果前一个元素不存在，则引发一个 NoSuchElementException 异常
int previousIndex( )	返回前一个元素的下标，如果前一个元素不存在，则返回 –1
void remove( )	从列表中删除当前元素
void set(Object obj)	将 obj 赋给当前元素。这是上一次调用 next( )方法或 previous( )方法最后返回的元素

在通过迭代方法访问类集之前，必须得到一个迭代器。每一个 Collection 类都提供一个 iterator( )方法，该函数返回一个类集的迭代器。通过使用这个迭代器，可以遍历类集中的每

一个元素。

通常，使用迭代器遍历类集的内容的步骤如下：
① 通过调用类集的 iterator( )方法获得对类集头的迭代函数。
② 建立一个调用 hasNext( )方法的循环，只要 hasNext( )返回 true，就进行循环迭代。
③ 在循环内部，通过调用 next( )方法来得到每一个元素。

对于实现 List 接口的类集，也可以通过调用 ListIterator 来获得迭代方法。正如上面解释的那样，列表迭代方法提供了前向或后向访问类集的能力，并可修改元素。

接下来看一个实现这些步骤的例子，来帮助说明 Iterator 和 ListIterator。虽然例子使用 ArrayList 对象，但是总的原则适用于任何类型的类集。不过，ListIterator 只适用于那些实现 List 接口的类集。

【程序 8.10】

在列表被修改之后，litr 指向列表的末端（当到达列表末端时，litr.hasNext( )方法返回 false）。为了能反向遍历列表，程序继续使用 litr，但这一次，程序检测它是否有前一个元素。只要它有前一个元素，该元素就被获得并被显示出来。

8.6.5 映射接口

映射（map）是一个存储关键字和值的关联或者说是关键字/值对的对象。给定一个关键字，可以得到它的值。关键字和值都是对象，关键字必须是唯一的，但值是可以被复制的。有些映射可以接收 null 关键字和 null 值，而有的则不行。

映射接口见表 8-9。

表 8-9　映射接口

接　口	描　述
Map	映射唯一关键字到值
Map.Entry	描述映射中的元素（关键字/值对）。这是 Map 的一个内部类
SortedMap	扩展 Map，以便使关键字按升序保持

1. Map 接口

Map 接口映射唯一关键字到值。关键字（key）是以后用于检索值的对象。给定一个关键字和一个值，可以存储这个值到一个 Map 对象中。当这个值被存储以后，就可以使用它的关键字来检索它。由 Map 定义的主要方法见表 8-10。当调用的映射中没有项存在时，其中的几种方法会引发一个 NoSuchElementException 异常。而当对象与映射中的元素不兼容时，引发一个 ClassCastException 异常。如果试图使用映射不允许使用的 null 对象时，则引发一个 NullPointerException 异常。当试图改变一个不允许修改的映射时，则引发一个 UnsupportedOperationException 异常。

表 8-10 由 Map 定义的主要方法

方　　法	描　　述
void clear( )	从调用映射中删除所有的关键字/值对
boolean containsKey(Object k)	如果调用映射中包含了作为关键字的 k，则返回 true；否则返回 false
boolean containsValue(Object v)	如果映射中包含了作为值的 v，则返回 true；否则返回 false
Set entrySet( )	返回包含了映射中的项的集合（Set）。该集合包含了类型 Map.Entry 的对象。这个方法为调用映射提供了一个集合"视图"
Boolean equals(Object obj)	如果 obj 是一个 Map 并包含相同的输入，则返回 true；否则返回 false
Object get(Object k)	返回与关键字 k 相关联的值
boolean isEmpty( )	如果调用映射是空的，则返回 true；否则返回 false
Set keySet( )	返回一个包含调用映射中关键字的集合（Set）。这个方法为调用映射的关键字提供了一个集合"视图"
Object put(Object k,Object v)	将一个输入加入调用映射，覆盖原先与该关键字相关联的值。关键字和值分别为 k 和 v。如果关键字已经不存在了，则返回 null；否则，返回原先与关键字相关联的值
void putAll(Map m)	将所有来自 m 的输入加入调用映射
Object remove(Object k)	删除关键字等于 k 的输入
int size( )	返回映射中关键字/值对的个数
Collection values( )	返回一个包含了映射中的值的类集。这个方法为映射中的值提供了一个类集"视图"

映射循环使用两个基本操作：get( )和 put( )。使用 put( )方法可以将一个指定了关键字和值加入映射。为了得到值，可以通过将关键字作为参数来调用 get( )方法。调用返回该值。

映射也不是类集，但可以获得映射的类集"视图"。为了实现这种功能,可以使用 entrySet( )方法，它返回一个包含了映射中元素的集合（Set）。为了得到关键字的类集"视图"，可以使用 keySet( )方法；为了得到值的类集"视图"，可以使用 values( )方法。类集"视图"是将映射集成到类集框架内的手段。

2. SortedMap 接口

SortedMap 接口扩展了 Map，它确保了各项按关键字升序排序。由 SortedMap 定义的主要方法见表 8-11。

表 8-11 由 SortedMap 定义的主要方法

方　　法	描　　述
Object firstKey( )	返回调用映射的第一个关键字
Object lastKey( )	返回调用映射的最后一个关键字
SortedMap headMap(Object end)	返回一个排序映射，该映射包含了那些关键字小于 end 的映射输入
SortedMap subMap(Object start,Object end)	返回一个映射，该映射包含了那些关键字大于等于 start 同时小于 end 的输入
SortedMap tailMap(Object start)	返回一个映射，该映射包含了那些关键字大于等于 start 的输入

排序映射允许对子映射（就是映射的子集）进行高效的处理。使用 headMap( )、tailMap( ) 或 subMap( )方法可以获得子映射。调用 firstKey( )方法可以获得集合的第一个关键字，而调用 lastKey( )方法可以获得集合的最后一个关键字。

8.6.6 实现 Map 接口的类

实现 Map 接口的类常用的是 HashMap 类和 TreeMap 类，这里主要介绍它们。

1. HashMap 类

HashMap 类使用散列表实现 Map 接口，使得它在较大容量下也能保持较低的时间复杂度。HashMap 的构造函数有：

```
HashMap( )
HashMap(Map m)
HashMap(int capacity)
HashMap(int capacity, float fillRatio)
```

第一种形式构造一个默认的散列映射。第二种形式用 m 的元素初始化散列映射。第三种形式将散列映射的容量初始化为 capacity。第四种形式用它的参数同时初始化散列映射的容量和填充比。容量和填充比的含义与前面介绍的 HashSet 中的容量和填充比相同。

HashMap 实现 Map 并扩展 AbstractMap。它本身并没有增加任何新的方法。

同时要注意，散列映射并不保证它的元素的顺序，因此，元素加入散列映射的顺序并不一定是它们被迭代函数读出的顺序。

通过下面这个例子来了解 HashMap 的使用。

【程序 8.11】

程序开始创建一个散列映射，然后将名字的映射增加到 HashMap 中。接下来，映射的内容通过调用函数 entrySet( )而获得的集合"视图"而显示出来。关键字和值通过调用由 Map.Entry 定义的 getKey( )和 getValue( )方法而显示。put( )方法自动用新值替换与指定关键字相关联的原先的值。因此，在 John Doe 的账目被更新后，散列映射将仍然仅仅保留一个"John Doe"账目。

2. TreeMap 类

TreeMap 类使用树实现 Map 接口。TreeMap 提供了按排序顺序存储关键字/值对的有效手段，同时允许快速检索。应该注意的是，不像散列映射，树映射保证它的元素按照关键字升序排序。

TreeMap 构造函数定义为：

```
TreeMap( )
TreeMap(Comparator comp)
TreeMap(Map m)
TreeMap(SortedMap sm)
```

第一种形式构造一个空树的映射，该映射使用其关键字的自然顺序来排序。第二种形式构造一个空的基于树的映射，该映射通过使用 Comparator comp 来排序（比较函数 Comparators 将在本章后面进行讨论）。第三种形式用从 m 的输入初始化树映射，该映射使用关键字的自然顺序来排序。第四种形式用从 sm 的输入来初始化一个树映射，该映射将按与 sm 相同的顺序来排序。

TreeMap 实现 SortedMap 并且扩展 AbstractMap，而它本身并没有另外定义其他方法。

下面的程序基于程序 8.11，可以观察 TreeMap 与 HashMap 的差别。

【程序 8.12】

可以看到，TreeMap 对关键字进行了排序，在使用 Iterator 访问关键字的集合时，可以按关键字的自然顺序访问。

程序实作题

1. 设计一个程序，找出两个字符串中所有共同的字符。
2. 设计一个程序，将一个字符串按某个字符分隔，并将分隔后的字符串形成一个数组。（例如："aaa；bbb；ccc；ddd"，分割后形成字符串数组 { "aaa"，"bbb"，"ccc"，"ddd" }）
3. 设计一个程序，获得当前系统日期与时间，并以中国格式显示。
4. 设计一个程序，计算某年、某月、某日与某年、某月、某日之间的天数间隔（例如：2012 年 6 月 26 日与 2012 年 8 月 6 日之间间隔 40 天）。
5. 给定一个整数，输出它的二进制、八进制和十六进制表示形式。
6. 编写一个日历程序，输入年份和月份，输出该年该月的月历。例如：输入 2017 年 8 月，输出：

2017 年 8 月						
日	一	二	三	四	五	六
		01	02	03	04	05
06	07	08	09	10	11	12
13	14	15	16	17	18	19
20	21	22	23	24	25	26
27	28	29	30	31		

7. 有集合 A={1，2，3，4}和 B={1，3，6，7，9}，设计一个程序，输出 A 和 B 的交集、并集与差集。

第 9 章 Java 中的异常处理

学习目标

在本章中将学习以下内容：
- 异常处理的概念与机制
- 异常的类层次
- 异常发生的原因
- 异常的处理过程
- 自定义异常子类

本章介绍 Java 的异常处理机制。异常（exception）是在运行时代码序列中产生一种异常情况。换句话说，异常是一个运行时的错误。在不支持异常处理的计算机语言中，错误必须被手工的检查和处理——典型的是通过错误代码的运用等。这种方法既很笨拙，也很麻烦。Java 的异常处理避免了这些问题，并且在处理过程中，把运行时的错误带到了面向对象的世界。

错误分编译错误和运行错误。编译错误主要是程序中的语法错误，可以在程序编译过程中发现。而运行错误就复杂得多，有些只在程序运行过程中才会暴露出来。

Java 语言的错误处理机制——异常处理，可以监视某段代码是否有错，并且将各种错误集中处理。以往需要由程序员完成的程序出错情况判别，在 Java 中实现了由系统承担。

9.1 异常处理基础

9.1.1 异常处理机制

Java 异常是一个描述在代码段中发生的异常（也就是出错）情况的对象。当异常情况发生时，一个代表该异常的对象被创建，并且在导致该错误的方法中被引发（throw）。该方法可以选择自己处理异常或传递该异常。两种情况下，该异常被捕获（catch）并处理。异常可能是由 Java 运行时系统产生，或者是由用户输入不合理产生。例如：

① 想打开的文件不存在。
② 网络连接中断。
③ 操作数超过范围。
④ 访问的数据库打不开。
⑤ 对负数开平方根。
⑥ 对字符串做算术运算。

被 Java 引发的异常与违反语言规范或超出 Java 执行环境限制的基本错误有关；而用户输入不合理产生的异常基本上用于报告方法调用程序的出错状况。

Java 异常处理通过 5 个关键字控制：try、catch、throw、throws 和 finally。下面介绍它们如何工作。程序声明了想要的异常监控程序段包含在一个 try 块中。如果在 try 块中发生异常，它被抛出。代码可以捕捉这个异常（用 catch）并且用某种合理的方法处理该异常。系统产生的异常在 Java 运行时被系统自动引发。手动引发一个异常，用关键字 throw。任何被引发方法的异常都必须通过 throws 子句定义。任何在方法返回前绝对被执行的代码被放置在 finally 块中。

下面是一个异常处理块的通常形式：

```
try {
    // 要监视异常的程序段
}
catch (ExceptionType1 exOb) {
    // 处理 ExceptionType1 类型的异常程序段
}
catch (ExceptionType2 exOb) {
    //处理 ExceptionType2 类型的异常程序段
}
    // ...
finally {
    // 无论是否发生异常，都将执行的程序段
}
```

这里，ExceptionType 是发生异常的类型。

9.1.2 异常的类层次

Java 是采用面向对象的方法来处理异常的，一个异常事件是由一个异常对象来代表的。异常类的层次如图 9-1 所示。

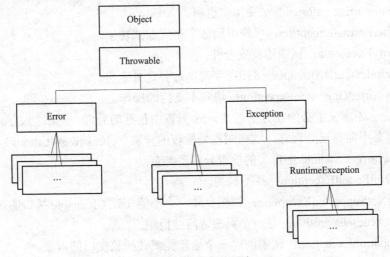

图 9-1　异常类的层次

从图 9-1 中可以看到，所有异常类型都是内置类 Throwable 的子类，因此，Throwable 在异常类层次结构的顶层。紧接着 Throwable 下面的是两个把异常分成两个不同分支的子类。一个分支是 Exception。该类用于用户程序可能捕捉的异常情况。可以通过扩展 Exception 或 Exception 的子类来创建自定义的异常类。在 Exception 分支中还有一个重要子类 RuntimeException。该类型的异常自动为所编写的程序定义并且包括被零除和非法数组索引这样的错误，如除数为 0、操作数超出数据范围、打开文件不存在等。

另一类分支由 Error 作为顶层，Error 定义了在通常环境下不希望被程序捕获的异常，如死循环或内存溢出。运行时程序本身无法解决，只能依靠其他程序干预，否则会一直处于不正常状态。Error 类型的异常用于 Java 运行时显示与运行时系统本身有关的错误。堆栈溢出是这种错误的一个典型例子。所以不过多讨论关于 Error 类型的异常处理，因为它们通常是灾难性的致命错误，不是程序可以控制的。

接下来看看 Java 内置的一些常见的异常类。在标准包 Java.lang 中，Java 定义了若干个异常类。这些异常一般是标准类 RuntimeException 的子类。因为 Java.lang 实际上被所有的 Java 程序引入，多数从 RuntimeException 派生的异常都自动可用。并且它们不需要被包含在任何方法的 throws 列表中。Java 语言中，这被叫作未经检查的异常（unchecked exceptions）。因为编译器不检查它来看一个方法是否处理或引发了这些异常。

常见的 Java 在 Java.lang 中定义的未检查异常子类有：

① ArithmeticException：算术错误，如被 0 除。
② ArrayIndexOutOfBoundsException：数组下标出界。
③ ArrayStoreException：数组元素赋值类型不兼容。
④ ClassCastException：非法强制转换类型。
⑤ IllegalArgumentException：调用方法的参数非法。
⑥ IllegalMonitorStateException：非法监控操作，如等待一个未锁定线程。
⑦ IllegalStateException：环境或应用状态不正确。
⑧ IllegalThreadStateException：请求操作与当前线程状态不兼容。
⑨ IndexOutOfBoundsException：某些类型索引越界。
⑩ NullPointerException：非法使用空引用。
⑪ NumberFormatException：字符串到数字格式非法转换。
⑫ SecurityException：试图违反安全性。
⑬ StringIndexOutOfBounds：试图在字符串边界之外索引。
⑭ UnsupportedOperationException：遇到不支持的操作。

在 Java.lang 还定义了必须在方法的 throws 列表中包括的异常。如果这些方法能产生其中的某个异常但是不能自己处理它，这些叫作受检查的异常（checked exceptions）。

常见的 Java 在 Java.lang 中定义的检查异常子类有：

① ClassNotFoundException：找不到类。
② CloneNotSupportedException：试图克隆一个不能实现 Cloneable 接口的对象。
③ IllegalAccessException：对一个类的访问被拒绝。
④ InstantiationException：试图创建一个抽象类或者抽象接口的对象。
⑤ InterruptedException：一个线程被另一个线程中断。

⑥ NoSuchFieldException：请求的字段不存在。
⑦ NoSuchMethodException：请求的方法不存在。

认识和了解这些常见的 Java 内置异常类，可以更好地完善程序的健壮性，或是在程序发生某种异常后，能最快知道是什么地方出问题了。

9.1.3 异常发生的原因

如果程序引发一个异常，通常是由于以下原因引起的：
① Java 虚拟机检测到了非正常的执行状态，例如上节介绍的那些内置异常类型，这些异常都是无法预知的。
② Java 程序代码中的 throw 语句被执行。
③ 异步异常发生，例如 Thread 的 stop 方法被调用或者 Java 虚拟机内部错误发生。

9.2 Java 的异常处理过程

对于运行时的异常（免检异常），Java 编译器会自动按该异常产生的原因引发相应类型的异常。而对于非运行时异常，程序必须声明抛出异常或捕获异常，否则程序是无法通过变异的。

Java 的异常处理过程基于三种操作：声明异常、抛出异常和捕获异常。

9.2.1 声明异常

在 Java 中，当前执行的语句必属于某个方法。Java 解释器调用 main 方法开始执行一个程序。每个方法都必须声明它可能抛出的必检异常的类型，这称为声明异常。因为任何代码都可能发生系统错误和运行时错误，因此，Java 不要求在方法中显式声明 Error 和 RuntimeException（免检异常）。但是，方法要抛出的其他异常都必须在方法头显式声明，这样，方法的调用者会被告知有异常。

为了在方法中声明一个异常，就要在方法头中使用关键字 throws，如下例所示：

```
public void myMethod throws IOException
```

关键字 throws 表明 myMethod 方法可能会抛出异常 IOException。如果方法可能会抛出多个异常，就可以在关键字 throws 后添加一个用逗号分隔的异常列表：

```
Public void myMethod
  throws Exception1,Exception2,…ExceptionN
```

注意，如果方法没有在父类中声明异常，那么就不能在子类中对其进行覆盖来声明异常。

9.2.2 抛出异常

检测一个错误的程序可以创建一个正确异常类型的实例并抛出它，称为抛出一个异常。这里有一个例子，假如程序发现传递给方法的参数与方法的合约不符（例如，方法中的参数必须是非负的，但是传入的是一个负参数），这个程序就可以创建 IllegalArgumentException 的一个实例并抛出它，如下所示：

```
IllegalArgumentException ex=
```

```
        new IllegalArgumentException("Wrong Argument");
        throw ex;
```
也可以使用下面的语句：
```
        throw new IllegalArgumentException("Wrong Argument");
```
注意 IllegalArgumentExceptian 是 Java API 中的一个异常类。通常，Java API 中的每个异常类至少有两个构造方法：一个无参构造方法和一个带可描述这个异常的 String 参数的构造方法。该参数称为异常消息，可以用 getMessage( )获取。

9.3.3 捕获异常

当语义限制被违反时，将会抛出异常对象，并将引导程序流程从异常发生点转移到程序员指定的处理异常方法代码处进行异常处理。这就是异常捕获。一个方法如果对某种类型的异常对象提供相应的处理代码，则这个方法可以捕获该种异常。

捕获异常通过以下流程处理：
```
try  {…}    // 被监视的代码段
catch(exceptionType1 e)    // 要处理的第一种异常，exceptionType 为异常类型
catch(exceptionType2 e)    //要处理的第二种异常，参数名称可以不写成 e
…
finally  {…}   //最终处理
```

1. try 语句块

对异常进行处理时，一般是把可能会发生异常情况的代码放在 try 语句块中，利用 try 语句对这组代码进行监视。如果 try 语句块中的语句在执行的过程中发生了异常，则程序将抛出异常。

2. catch 语句块

每个在 try 语句块都可以匹配一个或多个 catch 语句块（至少一个），用于捕获在 try 语句块中被抛出的异常，并对这个异常事件进行处理。catch 语句在执行前，识别抛出的异常对象类型，如果 catch 语句参数中声明的异常类与抛出的异常类相同，或者是它的父类，那么 catch 语句就可以捕获到这种异常类的对象（e 为相应的异常对象），然后程序跳转到相应的 catch 语句块内执行。

请注意，如果不能确定会发生哪种情况的异常，那么最好指定 catch 的参数为 Exception，即说明异常的类型为 Exception。

另外，捕获例外的顺序是和不同 catch 语句的顺序相关的，因此，在安排 catch 语句顺序时，首先应该捕获最特殊的例外，然后再逐渐一般化。如果一个异常类和其子类都出现在 catch 子句中，应把子类放在前面，否则将永远不会到达子类。例如：
```
catch(IOException e){
  e.printStackTrace( );
}
catch(FileNotFoundException e){
  e.printStackTrace( );
}
```

如果文件不存在的异常发生，那么第二个 catch 语句块将永远不会被执行，因为 FileNotFoundException 是 IOException 的子类。

3. finally 语句块

每个 try 语句至少要有一个与之相匹配的 finally 语句块。finally 语句块在 try 语句块退出后总是被执行，这保证了无论 try 语句块中是否有异常发生，finally 语句块都会被执行。

通常情况下，finally 语句被用来清空内部状态或释放非对象资源。例如在 I/O 程序设计中，为确保某个文件在所有情况下均被关闭，就在 finally 块中放置一条文件关闭语句。

try…cacth…finally 子句可以嵌套。

下面来看一个捕获异常的例子：

【程序 9.1】

注意，在 try 块中对 println( )的调用是永远不会执行的。因为一旦异常被引发，程序控制由 try 块转到 catch 块，执行永远不会从 catch 块"返回"到 try 块，因此，"你永远看不到我"将不会被显示。一旦执行了 catch 语句，程序控制从整个 try/catch 机制的下面一行继续。

一个 try 和它的 catch 语句形成了一个单元。catch 子句的范围限制于 try 语句前面所定义的语句。一个 catch 语句不能捕获另一个 try 声明所引发的异常（除非是嵌套的 try 语句情况）。被 try 保护的语句声明必须在一个大括号之内（也就是说，它们必须在一个块中）。不能单独使用 try。

当然，通常情况下并不会像程序 9.1 一样，异常一定会出现。异常总是在不经意间出现的，所以修改一下上面的例子。

【程序 9.2】

在程序 9.2 中，用一个 0～5 的随机数作为除数，当得到的随机数不为 0 时，程序就不会引发异常，不会执行 catch 程序块。程序将显示"你看见我了，因为没有出现 0 作除数"。

9.3　创建自己的异常子类

尽管 Java 的内置异常可以处理大多数常见错误，但也可能希望建立自己的异常类型来处理所应用的特殊情况。这是非常简单的，只要定义 Exception 的一个子类就可以了（Exception 当然也是 Throwable 的一个子类）。这个子类不需要实际执行什么，只需要它们在类型系统中的存在允许把它们当成异常使用。

Exception 类自己没有定义任何方法，它只是继承了 Throwable 提供的一些方法。因此，所有异常（包括自己创建的）都可以获得 Throwable 定义的方法。这些方法有：

① Throwable fillInStackTrace( )：返回一个包含完整堆栈轨迹的 Throwable 对象，该对象可能被再次引发。

② String getLocalizedMessage( )：返回一个异常的局部描述。

③ String getMessage( )：返回一个异常的描述。

④ void printStackTrace( )：显示堆栈轨迹。

⑤ void printStackTrace（PrintStreamstream）：把堆栈轨迹送到指定的字节流。

⑥ void printStackTrace（PrintWriterstream）：把堆栈轨迹送到指定的字节流。

⑦ String toString( )：返回一个包含异常描述的 String 对象。当输出一个 Throwable 对象时，该方法被 println( )调用。

也可以在创建的异常类中覆盖一个或多个这样的方法。

下面的例子声明了 Exception 的一个新子类，它重载了 toString( )方法，这样可以用 println( )显示异常的描述。

【程序 9.3】

程序 9.3 定义了 Exception 的一个子类 MyException。该子类非常简单：它只含有一个构造函数和一个重载的显示异常值的 toString( )方法。ExceptionDemo 类定义了一个 compute( )方法，该方法引发一个 MyException 对象。当 compute( )的整型参数比 10 大时，该异常被引发。

main( )方法为 MyException 设立了一个异常处理程序，然后用一个合法的值和不合法的值调用 compute( )来显示执行代码的不同路径。下面是结果：

```
Called compute(1)
Normal exit
Called compute(20)
Caught MyException[20]
```

程序实作题

1. 请编写以下程序，并分析其结果。

```
class Plane {
static String s = "-";
public static void main(String[] args) {
    new Plane( ).s1( );
    System.out.println(s);
}
void s1( ) {
    try { s2( ); }
```

```
        catch (Exception e) { s += "c"; }
}
void s2( ) throws Exception {
    s3( );   s += "2";
    s3( );   s += "2b";
}
void s3( ) throws Exception {
    throw new Exception( );
}
}
```

2. 编写一个满足下面要求的程序：

（1）创建一个由 100 个随机整数构成的数组；

（2）用户输入数组下标，程序输出该下标元素的值，当数组下标越界时引发异常。

3. 编写一个程序，接受用户输入的一个正整数，如果用户输入的不是一个正整数，则提示重新输入，直到输入正确为止。

第 10 章　输入/输出处理

学习目标

在本章中将学习以下内容：
- 流的概念和分类
- 控制台的输入与输出
- 使用字节流读写文件
- 使用字符流读写文件
- 对象序列化

Java 是用流（Stream）定义 I/O 的。流是有序的数据序列，它有一个源（输入流）或一个目的地（输出流）。I/O 类将程序员与底层操作系统的具体细节隔离开来，同时允许通过文件或其他方式去访问系统资源。大多数流类型都支持某些接口和抽象类中的方法，并且还附加少量其他方法。

Java 的 I/O 包提供大量的流类（在包 Java.io 中）。所有输入流类都是抽象类 InputStream（字节输入流）或抽象类 Reader（字符输入流）的子类，而所有输出流都是抽象类 OutputStream（字节输出流）或抽象类 Writer（字符输出流）的子类。

10.1　流的概念与分类

10.1.1　流的概念与作用

在前面的程序中，通常把程序运行的结果输出到控制台，这是一种简单快捷的输出方式，但这种输出是临时的，不能长期保存。所以，当需要保存输出结果时，可以运用 Java 提供的输入/输出流的功能把结果保存到文件中。

Java 程序通过流来完成输入/输出。流是生产或消费信息的抽象。流通过 Java 的输入/输出系统与物理设备链接。尽管与它们链接的物理设备不尽相同，所有流的行为具有同样的方式。这样，相同的输入/输出类和方法适用于所有类型的外部设备。这意味着一个输入流能够抽象多种不同类型的输入：从磁盘文件，从键盘或从麦克风。同样，一个输出流可以输出到控制台、磁盘文件或打印机。流是处理输入/输出的一个洁净的方法，例如它不需要代码理解键盘和网络的不同。

I/O 流提供一条通道程序，可以使用这条通道把源中的字节序列送到目的地。把输入流的指向称作源，程序从指向源的输入流中读取源中的数据。而输出流的指向是字节要去的一个目的地（或用户），程序通过向输出流中写入数据把信息传递到目的地。虽然 I/O 流经常与磁盘文件存取有关，但是程序的源和目的地也可以是键盘、鼠标、内存或显示器窗口。

先通过一个简单例子看看如何把程序的运行结果保存到一个文本文件中。

【程序 10.1】

程序 10.1 涉及以下几点：

① FileWriter 类在 Java.io 包中，要记得引用。

② 选择创建合适的文件输出流对象，选择合适的输出流输出方法（将在后续章节介绍）。

③ 文件操作完成后，要记得使用 close( )方法关闭输出流。

10.1.2 流的分类

Java 中定义了两种类型的流：字节类和字符类。字节流（byte stream）为处理字节的输入和输出提供了方便的方法。例如使用字节流读取或书写二进制数据。字符流（character stream）为字符的输入和输出处理提供了方便，它们采用了统一的编码标准，因而可以国际化。所以在某些场合，字符流比字节流更有效。

但是在最底层，所有的输入/输出都是字节形式的。基于字符的流只为处理字符提供方便有效的方法。

1. 字节流

字节流由两个类层次结构定义。在顶层有两个抽象类：InputStream 和 OutputStream。每个抽象类都有多个具体的子类，这些子类对不同的外设进行处理，例如磁盘文件、网络连接，甚至是内存缓冲区。常用的字节流类见表 10-1。

表 10-1 字节流类

流	描述
BufferedInputStream	缓冲输入流
BufferedOutputStream	缓冲输出流
ByteArrayInputStream	从字节数组读取的输入流
ByteArrayOutputStream	向字节数组写入的输出流
DataInputStream	包含读取 Java 标准数据类型方法的输入流
DataOutputStream	包含编写 Java 标准数据类型方法的输出流
FileInputStream	读取文件的输入流
FileOutputStream	写文件的输出流
FilterInputStream	过滤字节输入流
FilterOutputStream	过滤字节输出流
InputStream	描述流输入的抽象类

续表

流	描 述
OutputStream	描述流输出的抽象类
PipedInputStream	输入管道
PipedOutputStream	输出管道
PrintStream	包含 print( )和 println( )的输出流
PushbackInputStream	支持向输入流返回一个字节的单字节的"unget"的输入流
RandomAccessFile	支持随机文件输入/输出
SequenceInputStream	支持随机文件输入/输出两个或两个以上顺序读取的输入流组成的输入流

抽象类 InputStream 和 OutputStream 定义了实现其他流类的关键方法。最重要的两种方法是 read( )和 write( )，它们分别对数据的字节进行读写。两种方法都在 InputStream 和 OutputStream 中被定义为抽象方法，然后被派生的流类重写。

2．字符流

字符流类由两个类层次结构定义。顶层有两个抽象类：Reader 和 Writer，这两个抽象类处理统一编码的字符流，然后再扩展出多个具体的子类。字符流类见表 10-2。

表 10-2 字符流类

流	描 述
BufferedReader	缓冲输入字符流
BufferedWriter	缓冲输出字符流
CharArrayReader	从字符数组读取数据的输入流
CharArrayWriter	向字符数组写数据的输出流
FileReader	读取文件的输入流
FileWriter	写文件的输出流
FilterReader	过滤读
FilterWriter	过滤写
InputStreamReader	把字节转换成字符的输入流
LineNumberReader	计算行数的输入流
OutputStreamWriter	把字符转换成字节的输出流
PipedReader	输入管道
PipedWriter	输出管道
PrintWriter	包含 print( )和 println( )的输出流
PushbackReader	允许字符返回到输入流的输入流
Reader	描述字符流输入的抽象类
StringReader	读取字符串的输入流
StringWriter	写字符串的输出流
Writer	描述字符流输出的抽象类

抽象类 Reader 和 Writer 定义了几个实现其他流类的关键方法。其中两个最重要的是 read( )和 write( )，它们分别进行字符数据的读和写，然后被派生流类重载。

其实 Java 中的流还有很多类型，受篇幅限制，不可能全部介绍，感兴趣的读者可以参阅 Java 开发文档（API 文档）。

10.2　控制台输入/输出流

Java 通过系统类 System 实现控制台输入/输出功能，定义了三个流变量：in、out 和 err。这三个流在 Java 中都定义为静态变量，可以直接通过 System 类进行调用。System.in 表示输入，通常完成键盘数据输入；System.out 表示输出，通常完成数据输出到控制台或屏幕；System.err 表示错误输出，通常完成把错误信息输出到控制台或屏幕。

10.2.1　控制台输入

控制台输入由从 System.in 读取数据来完成。为了获得属于控制台的字符流，在 BufferedReader 对象中包装 System.in。

1. 使用 read( )方法读取字符

通过 System.in.read( )方法从键盘接收数据：

```
int read( ) throws IOException    //读取单个字节数据
int read(byte b[]) throws IOException    //读取字节数组
```

该方法每次执行都从输入流读取一个字符，然后以整型返回。当遇到流的末尾时，它返回−1。可以看到，它要引发一个 IOException 异常。

下面的例子演示了 read( )方法。

【程序 10.2】

2. 使用 readLine( )读取字符串

从键盘读取字符串，使用 readLine( )。它的通常形式如下：

```
String readLine( ) throws IOException
```

它返回一个 String 对象。

下面的例子阐述了 BufferedReader 类和 readLine( )方法。程序读取和显示文本的行，直到键入"stop"。

【程序 10.3】

3. Scanner 类实现控制台输入

有时用户需要从控制台输入中读取一个字符、整数或浮点数等类型的数据，而 System.in

是一个 InputStream 对象，其 read( )方法的主要功能是读取字节和字节数组，不能直接得到整数、浮点型数据。这时就需要使用 Java.util.Scanner 类来实现。Scanner 类可以对 System.in 的数据进行解析，得到需要的数据。

下面这个例子从控制台输入中读取一个整数和浮点数，并计算它们的乘积。通过这个例子可以熟悉 Scanner 类的使用。

【程序 10.4】

可以看到，程序 10.4 演示了从控制台输入中读取整数和浮点数，而 Scanner 类还提供了其他类型数据的获得方法，如 nextFloat( )、nextByte( )、nextBoolean( )等，今后都可以按程序 10.4 的方式来处理。

10.2.2 控制台输出

控制台输出由前面描述过的 print( )和 println( )来完成最为简单（它们在本书中多次出现）。这两种方法由 PrintStream（System.out 引用的对象类型）定义。尽管 System.out 是一个字节流，用它作为简单程序的输出是可行的。

println( )与 print( )的区别在于 println 在输出是加了一个回车符，使得下次输出的数据将另起一行。

另外，还有一个 printf( )方法，支持数据的格式化输出（Java 向 C 语言靠拢的表现）。它可以通过可变参数列表来实现多种类型的格式化输出。

通过一个具体的例子来了解 printf( )方法的使用，在这个例子中介绍了常用的格式化形式，可以直接进行模仿使用。

【程序 10.5】

关于 printf( )的参数，还要了解以下几点：

① printf 方法中，格式为"%s"表示以字符串的形式输出第二个可变长参数的第一个参数值；格式为"%n"表示换行；格式为"%S"表示将字符串以大写形式输出；在"%s"之间用"n$"表示输出可变长参数的第 n 个参数值；格式为"%b"表示以布尔值的形式输出第二个可变长参数的第一个参数值。

② 格式为"%d"表示以十进制整数形式输出；"%o"表示以八进制形式输出；"%x"表示以十六进制输出；"%X"表示以十六进制输出，并且将字母（A、B、C、D、E、F）换成大写。格式为"%e"表示以科学计数法输出浮点数；格式为"%E"表示以科学计数法输出浮点数，并且将 e 大写；格式为"%f"表示以十进制浮点数输出，在"%f"之间加上".n"表示输出时保留小数点后面 n 位。

③ 格式为"%t"表示输出时间日期类型。"%t"之后用 y 表示输出日期的两位数的年份（如 99），用 m 表示输出日期的月份，用 d 表示输出日期的日号；"%t"之后用 Y 表示输出日期的四位数的年份（如 1999），用 B 表示输出日期的月份的完整名，用 b 表示输出日期的月份的简称。"%t"之后用 D 表示以"%tm/%td/%ty"的格式输出日期，用 F 表示以"%tY-%tm-%td"的格式输出日期。"%t"之后用 H 表示输出时间的时（24 进制），用 I 表示输出时间的时（12 进制），用 M 表示输出时间分，用 S 表示输出时间的秒，用 L 表示输出时间的秒中的毫秒数，用 P 表示输出的时间是上午还是下午。"%t"之后用 R 表示以"%tH:%tM"的格式输出时间，用 T 表示以"%tH:%tM:%tS"的格式输出时间，用 r 表示以"%tI:%tM:%tS%Tp"的格式输出时间。"%t"之后用 A 表示输出日期的全称，用 a 表示输出日期的星期简称。

10.3 使用字节流读写文件

Java 提供了一系列的读写文件的类和方法。在 Java 中，所有的文件都是字节形式的。Java 提供从文件读写字节的方法并且允许在字符形式的对象中使用字节文件流。两个最常用的流类是 FileInputStream 和 FileOutputStream，它们生成与文件链接的字节流。

在介绍字节流之前，还需要先了解一个表示文件对象的类 Java.io.File，它可以获取文件信息并对文件进行目录级操作，这是要完成读写文件的基础。

10.3.1 File 类

File 类的对象主要用来获取文件本身的一些信息，例如文件所在的目录、文件的长度、文件读写权限等，不涉及对文件的读写操作。

创建一个 File 对象的构造方法有 4 个：

```
File(String filename)
File(String directoryPath, String filename)
File(File f, String filename)
File(URI uri)
```

其中，filename 是文件名字；directoryPath 是文件的路径；f 是指定成一个目录的文件。使用 File（String filename）创建文件时，该文件被认为与当前应用程序在同一目录中。URI 类型表示一个地址路径的引用。

File 类既可以表示一个文件，也可以表示一个目录。

1. 文件

当使用 File 类创建一个文件对象后，可以使用 File 类提供的方法来获得文件，或对文件进行操作。File 类提供的常用方法见表 10-3。

表 10-3 File 类的常用方法

方法	描述
boolean canRead( )	文件是否可读
boolean canWrite( )	文件是否可写

续表

方法	描述
boolean createNewFile( )	创建文件，成功返回 true，失败返回 false
boolean delete( )	删除文件，成功返回 true，失败返回 false
boolean equals(Object obj)	比较两个文件对象
boolean exits( )	文件是否存在
File getAbsoluteFile( )	返回绝对文件名
String getAbsolutePath( )	返回绝对路径
String getName( )	返回文件名（不包括路径）
String getParent( )	返回父目录
String getPath( )	返回路径
boolean isDirectroy( )	是否是目录，而不是文件
boolean isFile( )	是否是文件，而不是目录
boolean isHidden( )	是否是隐藏文件
long lastModified( )	获取文件最后修改的时间是从 1970 年午夜至文件最后修改时刻的毫秒数
long length( )	获取文件的长度单位是字节
boolean renameTo(File Dest)	重命名文件
String toString( )	把文件对象转化为字符串

2. 目录

File 对象也可以表示为一个目录，目录是一个包含其他文件和路径列表的 File 类。当一个 File 对象是目录时，isDirectory( )方法返回 true，这种情况下，可以调用该对象的 list( )方法或 listFiles( )方法来提取该目录内部其他文件和目录列表。

（1）String[]list( )

文件列表通过一个 String 对象数组返回。

（2）File[]listFiles( )

文件列表通过一个 File 对象数组返回。

这两个方法还可以使用过滤器参数来列出目录下指定类型的文件，将通过后面的例子来介绍如何实现。

3. 常见的文件和目录操作

下面通过几个例子来了解常见的文件操作：

（1）获取文件信息

【程序 10.6】

（2）列出磁盘下的文件和文件夹
【程序 10.7】

（3）文件过滤

前面提到，list( )方法或 listFiles( )方法可以通过设置一个过滤器参数来返回符合要求的文件列表，重载方法为：

```
String[]fs = f.list(FilenameFilter filter);
File[]fs = f.listFiles(FileFilter filter);
```

FilenameFilter 就是文件名过滤器，用来过滤不符合规格的文件名，并返回合格的文件；它存在于 Java.io 包中。

FilenameFilter 是一个接口，需要定义一个类来实现这个接口，并重写核心方法 boolean accept（File dir，String name），参数中的 dir 表示当前目录，name 表示文件名，accept 用于返回过滤后的文件。

【程序 10.8】

（4）使用递归列出所有文件
【程序 10.9】

10.3.2 文件字节流读写文件

文件字节流类 FileInputStream 和 FileOutputStream 可用于对文件的输入和输出处理。

1. FileInputStream

FileInputStream 类是从 InputStream 中派生出来的简单输入类，用于顺序读取本地文件。该类的所有方法都是从 InputStream 类继承来的。它有两个常用的构造函数：

```
FileInputStream(String name)
FileInputStream(File file)
```

第一个构造函数使用给定的文件名 name 创建一个 FileInputStream 对象；第二个构造函数使用 File 对象创建 FileInputStream 对象。

注意，当指定文件不存在时，它们都能引发 FileNotFoundException 异常。

输入流的唯一目的是提供通往数据的通道，程序可以通过这个通道读取数据，read 方法给程序提供一个从输入流中读取数据的基本方法。

read 方法的格式如下：

```
public int read( );
```

read 方法从输入流中读取单个字节的数据。该方法返回字节值 0～255 的一个整数，如果该方法到达输入流的末尾，则返回–1。

read 方法还有其他一些形式，这些形式能使程序把多个字节读到一个字节数组中：

```
int read(byte b[]);
int read(byte b[], int off, int len);
```

上面所示的两种 read 方法都返回实际读取的字节个数，如果它们到达输入流的末尾，则返回–1。

FileInputStream 流顺序地读取文件，只要不关闭流，每次调用 read 方法就顺序地读取源其余的内容，直到流的末尾或流被关闭。

2. FileOutputStream

与 FileInputStream 类相对应的类是 FileOutputStream 类。FileOutputStream 提供了基本的文件写入能力。FileOutputStream 类也有两个构造方法：

```
FileOutputStream(String name)
FileOutputStream(File file)
```

第一个构造方法使用给定的文件名 name 创建一个 FileOutputStream 对象；第二个构造方法使用 File 对象创建 FileOutputStream 对象。

FileInputStream 使用 write 方法把字节发送给输出流，write 的格式如下：

```
public void write(byte b[])
public void.write(byte b[],int off,int len)
```

其功能是把 b.length 个字节写到输出流，数据由字节数组 b 存放。

FileOutStream 流顺序地写文件，只要不关闭流，每次调用 writer 方法就顺序地向文件写入内容，直到流被关闭。

下面是一个文件复制的例子，程序从某个文件中读取文件内容，然后创建一个新文件，把读取的内容写入新文件。

【程序 10.10】

程序运行后，可以检查 FileNew.txt 文件，其内容和 FileSrc.txt 是相同的。

10.4 使用字符流读写文件

尽管 Java 字节流提供了处理任何类型数据输入/输出操作的功能，但它们不能直接操作字符。所以对于文本型文件来说，使用字符流来提供直接的字符输入/输出支持是必要的。

10.4.1 字符流读写文件

字符流类包括 FileReader 类和 FileWriter 类，它们分别是 Reader 和 Writer 的子类。其常用的构造方法分别为：

```
FileReader(String filename)
FileReader(File fileObj)
FileWriter(String filename)
FileWriter(File fileObj)
```

Filename 表示文件路径，fileObj 表示 File 对象。

FileReader 类如果指定文件不存在,那么会引发 FileNotFoundException 异常；而 FileWriter 类的创建却不依赖于文件存在与否。如果文件不存在，则创建文件，然后打开它作为输出。

FileReader 类重写了抽象类 Reader 的读取数据的方法。

public int read( )：读取单个字符。

public int read(char[]b)：将字符读入数组。

上述方法在读取数据时，遇输入流结束则返回-1。

FileWriter 类重写了抽象类 Writer 的读取数据的方法。

public int write( )：写入单个字符。

public int write(char[]b)：将字符写入数组。

下面用 FileReader 类和 FileWriter 类来实现文件的复制程序。

【程序 10.11】

可以比较程序 10.10 和程序 10.11 的区别，很容易看出除了使用的流类不同外，程序 10.11 是使用字符数组来存储数据的，所以对于文本型文件的读写，特别适合使用字符流类。

10.4.2 BufferedReader 类和 BufferedWriter 类

在对文本文件的读取操作中，经常会需要按行来读取文本内容，或按行去写入文件。而前面所介绍的文件读取方式均无法实现按行读取和写入。这是需要引入两个新类来完成这种操作，即 BufferedReader 类和 BufferedWriter 类。

BufferedReader 类由 Reader 类扩展而来的，提供通用的缓冲方式文本读取，并且提供了很实用的 readLine( )方法读取一个文本行，从字符输入流中读取文本，缓冲各个字符，从而提供字符、数组和行的高效读取。

BufferedReader 类最常用的构造方法是：

```
BufferedReader（Reader in）
```

in 是一个 Reader 类型对象，通常就是 FileReader 对象，将一个 FileReader 对象封装为 BufferedReader 对象，从而实现行读取。

毫无疑问，BufferedReader 类的重要方法就是 String readLine( )方法，该方法将字符输入流中的一行进行读取。

同理，BufferedWriter 类是由 Writer 类扩展而来的，提供通用的缓冲方式文本写入。常用的构造方法为：

```
BufferedWriter(Writer out)
```

Out 是 Writer 类型对象，通常就是 FileWriter 对象，把 FileWriter 对象封装为 BufferedWriter 对象，再通过 void write( )方法完成写入操作。

总的来说，BufferedReader 类和 BufferedWriter 类采用了缓冲方式实现对文件的读写操作，效率高，开销低，因此建议除非有特殊要求，均可使用 BufferedReader 类和 BufferedWriter 类来封装所有 Reader 类型和 Writer 类型的子类（例如 FileReader、fileWriter、InputStreamWriters、OutputStreamWriters 等），并使用其 read、readline 方法读取文件，write 方法写入文件。

接下来使用 BufferedReader 类和 BufferedWriter 类来实现文件复制。

【程序 10.12】

10.5　对象序列化

10.5.1　序列化和反序列化

Java 提供了一种对象序列化的机制，该机制中，一个对象可以被表示为一个字节序列，该字节序列包括该对象的数据、有关对象的类型的信息和存储在对象中数据的类型。

将序列化对象写入文件之后，可以从文件中读取出来，并且对它进行反序列化，也就是说，对象的类型信息、对象的数据，还有对象中的数据类型可以用来在内存中新建对象。

简单地说，就是为了保存在内存中的各种对象的状态，并且可以把保存的对象状态再读出来。虽然可以用多种方法来保存 Object States，但是 Java 提供了一种更好的保存对象状态的机制，那就是序列化（Serializable）。而反序列化就是序列化的逆过程。

序列化的作用通常体现在两个地方：一是实现了数据的持久化，通过序列化可以把数据永久地保存到硬盘上（通常存放在文件里）；二是利用序列化实现远程通信，即在网络上传送对象的字节序列。

再具体一点，比如当两个进程进行远程通信时，可以相互发送各种类型的数据，包括文本、图片、音频、视频等，而这些数据都会以二进制序列的形式在网络上传送。那么当两个 Java 进程进行通信时，能否实现进程间的对象传送呢？这就需要 Java 序列化与反序列化了。换句话说，一方面，发送方需要把这个 Java 对象转换为字节序列，然后在网络上传送；另一方面，接收方需要从字节序列中恢复出 Java 对象。

10.5.2　序列化的实现

1. ObjectOutputStream 和 ObjectInputStream

ObjectOutputStream 类和 ObjectInputStream 类都位于 Java.io 包中，ObjectOutputStream

表示对象输出流,它的 writeObject(Object obj)方法可以对参数指定的 obj 对象进行序列化,把得到的字节序列写到一个目标输出流中。而 ObjectInputStream 表示对象输入流,它的 readObject( )方法从源输入流中读取字节序列,再把它们反序列化为一个对象,并将其返回。

2. 对象的序列化

当要把一个类进行序列化时,必须使这个类实现 Serializable 接口,否则抛出异常。再通过 ObjectOutputStream 采用默认的序列化方式,对该类对象的非 transient 的实例变量进行序列化。

下面通过一个例子来了解对象序列化。

【程序 10.13】

这样,创建的 Employee 对象就以文件的形式被存储了起来,可以保存到数据库,可以被远程传输。当有需要时,通过反序列化,文件将会被恢复成对象。

不过对于对象的序列化,需要注意以下几点:

① 序列化时,只对对象的状态进行保存,而不管对象的方法。
② 当一个父类实现序列化,子类自动实现序列化,不需要显式实现 Serializable 接口。
③ 当一个对象的实例变量引用其他对象,序列化该对象时,也把引用对象进行序列化。
④ 并非所有的对象都可以序列化,有安全方面的原因,在序列化进行传输的过程中,这个对象的 private 域是不受保护的;也有资源分配方面的原因,就像 socket,thread 类。

3. 反序列化

反序列化其实就是序列化的逆过程,下面的程序例子演示了如何反序列化,该程序仍然使用 Employee 类。

【程序 10.14】

程序实作题

1. 改进文本文件复制的程序,实现以下功能:读取一个文本文件后,对其内容进行加密,并将密文复制到一个新文本文件中。(加密算法可自己选择)

2. 设计一个程序,列出某一个目录下创建时间晚于 2018 年 1 月 1 日的文件。(可能会使用到日期日历类)

3. 设计一个程序,统计一个文本文件的有效字符数和行数。(有效字符指汉字、英文字母、数字和可显符号,不包括空格、回车、缩进等不可显符号)

第 11 章 Java 多线程

学习目标

在本章中将学习以下内容：
- Java 的线程与创建
- 线程状态与生命周期
- 线程调度与优先级
- 主线程与创建多线程
- 线程的操作
- 线程的同步与异步

Java 内置支持多线程编程（multithreaded programming）。多线程程序包含两条或两条以上并发运行的部分。程序中每个这样的部分都叫一个线程（thread），每个线程都有独立的执行路径。因此，多线程是多任务处理的一种特殊形式。

11.1 Java 线程与创建

Java 运行系统在很多方面依赖于线程，所有的类库设计都考虑到多线程。实际上，Java 使用线程来使整个环境异步，这有利于通过防止 CPU 循环的浪费来减少无效部分。

11.1.1 线程的概念

线程（thread）是比进程更小的运行单位，是程序中单个顺序的流控制。在基于线程（thread-based）的多任务处理环境中，线程是最小的执行单位。一个进程中可以包含多个线程，这意味着一个程序可以同时执行两个或者多个任务的功能。例如，一个文本编辑器可以在打印的同时格式化文本。多线程程序比多进程程序需要更少的管理费用。进程是重量级的任务，需要分配它们自己独立的地址空间，进程间通信也是昂贵和受限的，同时进程间的转换也是需要花费系统资源的。而线程是轻量级的选手。它们共享相同的地址空间并且共同分享同一个进程。线程间的通信是便宜的，线程间的转换也是低成本的。

当 Java 程序使用多进程任务处理环境时，多进程程序不受 Java 的控制，而多线程则受 Java 控制。多线程帮助写出 CPU 最大利用率的高效程序，因为空闲时间保持最低。这对 Java 运行的交互式的网络互连环境是至关重要的，因为空闲时间是公共的。举个例子来说，网络的数据传输速率远低于计算机处理能力，本地文件系统资源的读写速度远低于 CPU 的处理能力。

11.1.2 创建 Java 线程

Java 提供了 Java.lang.Thread 类来支持多线程,这个类提供了大量的方法控制线程。创建一个线程就是创建 Thread 对象或者 Thread 的子类对象。

Java 中创建线程主要有两种方法:继承 Thread 类或者实现 Runnable 接口。可以根据具体的应用环境进行选择。

1. 继承 Thread 类

创建一个新类来继承 Thread 类,然后创建该类的实例。当一个类继承 Thread 时,它必须重载 run( )方法,这个 run( )方法是新线程的入口。它也必须调用 start( )方法去启动新线程执行。

下面用继承 Thread 类的方式创建一个新线程。

【程序 11.1】

通过程序 11.1,可以看到子线程是由实例化 NewThread 对象生成的,该对象从 Thread 类派生。注意 NewThread 中 super( )的调用。该方法调用了下列形式的 Thread 构造函数:

```
public Thread(String threadName)
```

这里,threadName 指定线程名称。

新线程实例通过在构造方法中调用基类的 run( )方法启动线程。然后,start( )被调用,以 run( )方法为开始启动了线程的执行。这使子线程 for 循环开始执行。调用 start( )之后,NewThread 的构造函数返回到 main( )。当主线程被恢复,它到达 for 循环。两个线程继续运行,共享 CPU,直到它们的循环结束。

2. 实现 Runnable 接口

创建线程的另一个简单的方法就是创建一个实现 Runnable 接口的类。Runnable 抽象了一个执行代码单元。可以通过实现 Runnable 接口的方法创建每一个对象的线程。为实现 Runnable 接口,一个类仅需实现一个 run( )的简单方法,该方法声明如下:

```
public void run( )
```

在 run( )中可以定义代码来构建新的线程。run( )方法能够像主线程那样调用其他方法,引用其他类,声明变量。仅有的不同是 run( )在程序中确立另一个并发的线程执行入口。当 run( )返回时,该线程结束。

创建了实现 Runnable 接口的类以后,要在类内部实例化一个 Thread 类的对象。Thread 类定义了几种构造函数。可能用到的如下:

```
Thread(Runnable threadOb, String threadName)
```

该构造函数中,threadOb 是一个实现 Runnable 接口类的实例。这定义了线程执行的起点。新线程的名称由 threadName 定义。建立新的线程后,它并不运行,直到调用了它的 start( )方法,该方法在 Thread 类中定义。本质上,start( )执行的是一个对 run( )的调用。

对程序 11.1 进行修改,用实现 Runnable 接口的方式重构这个程序。

【程序 11.2】

可以发现，程序 11.1 和程序 11.2 十分相似，也就是说，无论是继承 Thread 还是实现 Runnable 接口，创建新线程的方式都是一样的，核心在于重写 run 方法。

那么哪一种方式更好呢？所有的问题都归于一点：Thread 类定义了多种方法可以被派生类重载。对于所有的方法，唯一需要被重载的就是 run( )方法，而这当然也实现了 Runnable 接口所需的同样的方法。并且由于类应该仅在它们被加强或修改时被扩展，所以，如果不需要重载 Thread 的其他方法，最好只实现 Runnable 接口，也就是使用实现 Runnable 接口的方法来创建线程。

11.2 Java 线程模型

11.2.1 线程的状态与生命周期

为更好地理解多线程环境的优势，可以将它与它的对照物相比较。单线程系统的处理途径是使用一种叫作轮询的事件循环方法。在该模型中，单线程控制在一个无限循环中运行，轮询一个事件序列来决定下一步做什么。一旦轮询装置返回信号，表明已准备好读取数据，事件循环调度控制管理到适当的事件处理程序。直到事件处理程序返回，系统中没有其他事件发生。这在很大程度上浪费了 CPU 时间，导致了程序的一部分独占了系统，阻止了其他事件的执行。总的来说，单线程环境，当一个线程因为等待资源时阻塞（block，挂起执行），整个程序停止运行。

Java 多线程的优点在于取消了主循环/轮询机制。一个线程可以暂停而不影响程序的其他部分。例如，当一个线程从网络读取数据或等待用户输入时，产生的空闲时间可以被利用到其他地方。多线程允许活的循环在每一帧间隙中沉睡一秒而不暂停整个系统。在 Java 程序中出现线程阻塞，仅有一个线程暂停，其他线程继续运行。

线程存在于好几种状态。线程可以正在运行（running）。只要获得 CPU 时间，它就可以运行。运行的线程可以被挂起（suspend），并临时中断它的执行。一个挂起的线程可以被恢复（resume），允许它从停止的地方继续运行。一个线程可以在等待资源时被阻塞（block）。在任何时候，线程可以终止（terminate），这立即中断了它的运行。一旦终止，线程不能被恢复。线程状态转换如图 11-1 所示。

1. 新建状态

用 new 关键字和 Thread 类或其子类建立一个线程对象后，该线程对象就处于新生状态。处于新生状态的线程有自己的内存空间，通过调用 start 方法进入就绪状态（runnable）。

注意：不能对已经启动的线程再次调用 start( )方法，否则会出现 Java.lang.IllegalThreadStateException 异常。

2. 就绪状态

处于就绪状态的线程已经具备了运行条件，但还没有分配到 CPU，处于线程就绪队列

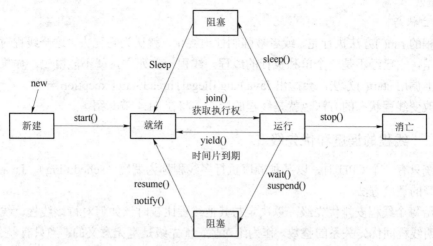

图 11-1 线程状态转换

（尽管是采用队列形式，事实上，把它称为可运行池而不是可运行队列。因为 CPU 的调度不一定是按照先进先出的顺序来调度的），等待系统为其分配 CPU。等待状态并不是执行状态，当系统选定一个等待执行的 Thread 对象后，它就会从等待执行状态进入执行状态，系统挑选的动作称为"CPU 调度"。一旦获得 CPU，线程就进入运行状态并自动调用自己的 run 方法。

如果希望子线程调用 start( )方法后立即执行，可以使用 Thread.sleep( )方式使主线程睡眠一会儿，转去执行子线程。

3. 运行状态

处于运行状态的线程最为复杂，它可以变为阻塞状态、就绪状态和死亡状态。

处于就绪状态的线程，如果获得了 CPU 的调度，就会从就绪状态变为运行状态，执行 run( ) 方法中的任务。如果该线程失去了 CPU 资源，就会又从运行状态变为就绪状态。重新等待系统分配资源。也可以对在运行状态的线程调用 yield( )方法，它就会让出 CPU 资源再次变为就绪状态。

当发生以下情况时，线程会从运行状态变为阻塞状态：

① 线程调用 sleep 方法主动放弃所占用的系统资源。

② 线程调用一个阻塞式 I/O 方法，在该方法返回之前，该线程被阻塞。

③ 线程试图获得一个同步监视器，但更改同步监视器正被其他线程所持有。

④ 线程在等待某个通知（notify）。

⑤ 程序调用了线程的 suspend 方法将线程挂起。不过该方法容易导致死锁，所以程序应该尽量避免使用该方法。

当线程的 run( )方法执行完，或者被强制性地终止，例如出现异常，或者调用了 stop( )、destory( )方法等，就会从运行状态转变为死亡状态。

4. 阻塞状态

在某些情况下，处于运行状态的线程如执行了 sleep（睡眠）方法，或等待 I/O 设备等资源，将让出 CPU 并暂时停止自己的运行，进入阻塞状态。

在阻塞状态的线程不能进入就绪队列。只有当引起阻塞的原因消除时，如睡眠时间已到，或等待的 I/O 设备空闲下来，线程便转入就绪状态，重新到就绪队列中排队等待，被系统选中后从原来停止的位置开始继续运行。

5. 死亡状态

当线程的 run( )方法执行完,或者被强制性地终止,就认为它死去。这个线程对象也许是活的,但是,它已经不是一个单独执行的线程。线程一旦死亡,就不能复生。如果在一个死去的线程上调用 start( )方法,会抛出 Java.lang.IllegalThreadStateException 异常。

这些改变线程状态的方法也就是线程的操作,将在 11.4 节介绍。

11.2.2 线程的调度和优先级

当系统只有一个 CPU 时,以某种顺序执行多线程称为调度(scheduling)。Java 采用的是基于优先级的调度方法。

Java 给每个线程安排优先级,以决定与其他线程比较时该如何对待该线程。线程优先级是详细说明线程间优先关系的整数。作为绝对值,优先级是毫无意义的;当只有一个线程时,优先级高的线程并不比优先权低的线程运行得快。相反,线程的优先级是用来决定何时从一个运行的线程切换到另一个的。这叫"上下文转换"(context switch)。决定上下文转换发生的规则很简单:

① 线程可以自动放弃控制。在 I/O 未决定的情况下,睡眠或阻塞由明确的让步来完成。在这种假定下,所有其他的线程被检测,准备运行的最高优先级线程被授予 CPU。

② 线程可以被高优先级的线程抢占。在这种情况下,低优先级线程不主动放弃,处理器只是被先占——无论它正在干什么——处理器被高优先级的线程占据。基本上,一旦高优先级线程要运行,它就执行。这叫作有优先权的多任务处理。

当两个相同优先级的线程竞争 CPU 周期时,情形有一点复杂。对于 Windows 这样的操作系统,等优先级的线程是在循环模式下自动划分时间的。对于其他操作系统,例如 UNIX,等优先级线程相对于它们的对等体自动放弃。

Java 将线程的优先级分为 10 个等级,分别用 1~10 的数字表示。数字越大,表明线程的级别越高。相应地,在 Thread 类中定义了表示线程最低、最高和普通优先级的成员变量 MIN_PRIORITY、MAX_PRIORITY、NORMAL_PRIORITY,代表优先级等级分别为 1、10 和 5。当一个线程被创建时,其默认的线程优先级是 5。

在应用程序中设置线程优先级的方法很简单,在创建线程对象之后可以调用线程对象的 setPriority( )方法改变该线程的运行优先级,同样,可以调用 getPriority( )方法获取当前线程的优先级。

线程优先级示例如下:

【程序 11.3】

这个程序每一次运行的结果都可能不一样,这是由于线程在启动时占据处理机的时刻是随机的,所以会产生程序的不可再现性。同时也可以发现,并不是优先级高的线程就一定会被执行,这是因为优先级只是指示当两个线程同时需要占据处理机时,优先级高的可以先占据。但是如果当优先级低的线程先占用了处理机,而这时却并没有其他线程来抢占处理机,直到这个线程运行结束,才有其他线程来占用处理机,那么在输出时,优先级低的线程执行在前了。

11.3 主线程与创建多线程

11.3.1 主线程

当 Java 程序启动时，一个线程立刻运行，该线程通常叫作程序的主线程（main thread），因为它是程序开始时就执行的。

主线程的重要性体现在两方面：

① 它是产生其他子线程的线程。

② 通常它必须最后完成执行，因为它执行各种关闭动作。

尽管主线程在程序启动时自动创建，但它可以由一个 Thread 对象控制。为此，必须调用方法 currentThread( )获得它的一个引用，currentThread( )是 Thread 类的公有的静态成员。它的通常形式如下：

```
static Thread currentThread( )
```

该方法返回一个调用它的线程的引用。一旦获得主线程的引用，就可以像控制其他线程那样控制主线程。

让我们从下面例题开始：

【程序 11.4-1】

在程序 11.4-1 中，当前线程（自然是主线程）的引用通过调用 currentThread( )获得，该引用保存在局部变量 t 中。然后，程序显示了线程的信息。接着程序调用 setName( )改变线程的内部名称。线程信息又被显示。然后，一个循环数从 5 开始递减，每数一次暂停一秒。暂停是由 sleep( )方法来完成的，Sleep( )语句明确规定延迟时间是 1 毫秒。注意循环外的 try/catch 块，Thread 类的 sleep( )方法可能引发一个 InterruptedException 异常。这种情形会在其他线程想要打搅沉睡线程时发生（这里只是打印了它是否被打断的消息，在实际的程序中，必须灵活处理此类问题）。

注意：t 作为语句 println( )的参数，被输出为一个字符串，表示进程的状态。显示顺序：线程名称，优先级及组的名称。默认情况下，主线程的名称是 main。它的优先级是 5，这也是默认值。main 也是所属线程组的名称（一个线程组（thread group）是一种将线程作为一个整体集合的状态控制的数据结构，这个过程由专有的运行时的环境来处理）。线程名改变后，t 又被输出。这次，显示了新的线程名。

让我们更仔细地研究一下程序 11.4-1 中 Thread 类定义的方法。sleep( )方法按照毫秒级的时间指示使线程从被调用到挂起。它的通常形式如下：

```
static void sleep(long milliseconds) throws InterruptedException
```

挂起的时间被明确定义为毫秒。该方法可能引发 InterruptedException 异常。

sleep( )方法还有第二种形式，该方法允许指定时间是以毫秒还是以纳秒为周期。

```
static void sleep(long milliseconds,int nanoseconds) throws InterruptedException
```

第二种形式仅当允许以纳秒为时间周期时可用。

还可以用 setName( )设置线程名称，用 getName( )来获得线程名称（该过程在程序 11.4 中没有体现）。这些方法都是 Thread 类的成员，声明如下：

```
final void setName(String threadName)
final String getName( )
```

这里，threadName 特指线程名称。

11.3.2 创建多线程

到目前为止，仅用到两个线程：主线程和一个子线程。然而，程序可以创建所需的更多线程。下面的程序创建了三个子线程：

【程序 11.4-2】

可以看到，程序一旦启动，所有三个子线程共享 CPU，三个线程开始并发运行。注意 main( )中对 sleep（10 000）的调用，这使主线程沉睡十秒，以确保它最后结束。

如果觉得多线程是一种十分有趣的机制，那么有效运用这种机制的关键是并发思考而不是连续思考。例如，当程序有两个可以并行执行的子系统，创建它们各自的线程。仔细运用多线程，能编写出非常有效的程序。

然而任何事情都不是容易达到完美的，如果创建太多的线程，可能会减弱而不是加强程序的性能。因为：

① 线程需要占用 CPU 和内存资源，如果创建了太多的线程，更多的 CPU 时间会用于上下文转换而不是用来执行程序。

② 必须考虑多线程同时访问共享资源的问题，如果没有协调好，就会产生令人意想不到的问题，例如可怕的死锁。

③ 程序必须考虑到多线程同时访问全局变量的问题。

11.4 线程的操作

Java 提供了一些线程的操作方法，以实现对线程的调度。前面已经了解了 start( )、sleep( )等方法，下面再介绍一些其他的操作方法。

11.4.1 isAlive( )和 join( )方法

在多线程程序中，很多情况下，主线程生成并启动了子线程。如果子线程中要进行大量耗时的运算，主线程往往将于子线程之前结束。但是如果主线程处理完其他的事务后，需要用到子线程的处理结果，就需要主线程等待子线程执行完成之后再结束。

程序 11.4 是通过在 main( )中调用 sleep( )来实现这一点的，经过足够长时间的延迟以确保所有子线程都先于主线程结束。但这明显不是一个令人满意的解决方法，因为它带来一个大问题：一个线程并不能知道另一线程已经结束。所以要解决这个问题，必须要能够知道一个线程是否结束。

有两种方法可以判定一个线程是否结束。第一，可以在线程中调用 isAlive( )。这种方法由 Thread 定义，它的通常形式如下：

```
final boolean isAlive( )
```

如果所调用线程仍在运行，isAlive( )方法返回 true，如果不是，则返回 false。

另一种方法是去等待线程结束，等待线程结束是一种更常用的方法，其调用 join( )，描述如下：

```
final void join( ) throws InterruptedException
```

它的作用是，在当前线程中调用另一个线程的 join( )方法，则当前线程转入阻塞状态，直到另一个进程运行结束，当前线程再由阻塞转为就绪状态。join( )的附加形式还允许给等待指定线程结束定义一个最大时间。

为了对比出效果，这里演示两个例子，先来看没有使用 join( )的情况。

【程序 11.5】

从程序 11.5 的运行结果可以非常明显地看到，主进程在三个子进程结束前就已经结束了。接下来使用 join( )方法来实现主线程一定在子线程结束后才结束。由于子进程的代码不变，所以这里不再列出子进程的代码。

【程序 11.6】

从程序 11.6 可以明显看到，主进程没有设置任何的休眠，但仍然在子进程全部结束后，主进程才结束。

11.4.2 yield( )方法

Thread.yield( )方法的作用是暂停当前正在执行的线程对象，并执行其他线程。

如果要让当前运行线程回到可运行状态，以允许具有相同优先级的其他线程获得运行机会，那么使用 yield( )让相同优先级的线程之间能适当地轮转执行。但是，实际中无法保证 yield( )达到让步目的，因为让步的线程还有可能被线程调度程序再次选中。

所以，yield( )从未导致线程转到等待、睡眠、阻塞状态。在大多数情况下，yield( )将导致线程从运行状态转到就绪状态，但有可能没有效果。

通过例子来了解 yield( )的使用：

【程序 11.7】

程序运行结果会有两种情况：

第一种情况，李四（线程）当执行到 30 时会把 CPU 时间让掉，这时张三（线程）抢到 CPU 时间并执行。

第二种情况，李四（线程）当执行到 30 时会把 CPU 时间让掉，这时李四（线程）抢到 CPU 时间并执行。

sleep( )和 yield( )方法有这样一些区别：

sleep( )使当前线程进入停滞状态，所以执行 sleep( )的线程在指定的时间内肯定不会被执行；yield( )只是使当前线程重新回到可执行状态，所以执行 yield( )的线程有可能在进入到可执行状态后马上又被执行。

sleep 方法使当前运行中的线程睡眠一段时间，进入不可运行状态，这段时间的长短是由程序设定的，yield 方法使当前线程让出 CPU 占有权，但让出的时间是不可设定的。实际上，yield( )方法对应了如下操作：先检测当前是否有相同优先级的线程处于同可运行状态，如有，则把 CPU 的占有权交给此线程，否则，继续运行原来的线程。所以 yield( )方法称为"退让"，它把运行机会让给了同等优先级的其他线程。

另外，sleep 方法允许较低优先级的线程获得运行机会，但 yield( )方法执行时，当前线程仍处在可运行状态，所以不可能让出较低优先级的线程些时获得 CPU 占有权。在一个运行系统中，如果较高优先级的线程没有调用 sleep 方法，又没有受到 I/O 阻塞，那么较低优先级线程只能等待所有较高优先级的线程运行结束，才有机会运行。

11.4.3 线程终止与 interrupt( )方法

在正常情况下，线程的 run( )方法执行完后，线程也就自然终止了。如果需要在线程运行完成之前就终止，必须采取一点措施，但这种措施应该是一个清晰而安全的机制。

在较早的 Java 版本中，Thread 曾经提供过一个 stop( )方法来终止线程，但这是一个不安全的方法，会破坏线程的状态，因此在 Java5 以后的版本中，这个方法被取消了。

另外一种方法就是通过中断线程来请求取消线程的执行，并且让线程来监视并响应中断。中断请求通常是用户希望能够终止线程的执行，但并不会强制终止线程。它会中断线程的休眠状态，例如调用 sleep( )后。

Thread 了提供的与中断有关的方法有：

- interrupt( )，向线程发出中断，线程的中断标记会被设置为 true；
- isInterrupted( )，测试线程是否已经被中断。

下面，我先分别讨论线程在"阻塞状态"和"运行状态"的终止方式，然后再总结出一个通用的方式。

1. 终止处于"阻塞状态"的线程

当线程由于被调用了 sleep( )，wait( )，join( )等方法而进入阻塞状态；若此时调用线程的 interrupt( )将线程的中断标记设为 true。由于处于阻塞状态，中断标记会被清除，同时产生一个 InterruptedException 异常。将 InterruptedException 放在适当的为止就能终止线程，形式如下：

```
public void run() {
```

```java
try {
    while (true) {
        // 执行任务...
    }
} catch (InterruptedException ie) {
    // 由于产生 InterruptedException 异常,退出 while(true)循环,线程终止!
}
```

在 while（true）中不断地执行任务，当线程处于阻塞状态时，调用线程的 interrupt( )产生 InterruptedException 中断。中断的捕获在 while(true)之外,这样就退出了 while(true)循环。

2. 终止处于"运行状态"的线程

通常通过"中断标记"来终止线程。

形式如下：

```java
public void run( ) {
    while (!isInterrupted( )) {
        // 执行任务...
    }
}
```

isInterrupted( )是判断线程的中断标记是不是为 true。当线程处于运行状态,并且需要终止它时，就调用线程的 interrupt( )方法，使线程的中断标记为 true，即 isInterrupted( )会返回 true。此时，就会退出 while 循环。

再次强调，interrupt( )并不会终止处于"运行状态"的线程，它只会将线程的中断标记设为 true。

3. 终止线程的通用形式

对于综合线程处于"阻塞状态"和"运行状态"的终止方式,可以总结出比较通用的终止线程的形式，形式如下：

```java
public void run( ) {
    try {
        // 1. isInterrupted( )保证,只要中断标记为 true 就终止线程。
        while (!isInterrupted( )) {
            // 执行任务...
        }
    } catch (InterruptedException ie) {
        /* 2. InterruptedException 异常保证,当 InterruptedException 异常产生时,线程被终止。*/
    }
}
```

下面通过一个例子来展示如何使用中断来终止线程。

【程序 11.8】

主线程 main 中通过 new MyThread（"t1"）创建线程 t1，之后通过 t1.start( )启动线程 t1。t1 启动之后，会不断地检查它的中断标记，如果中断标记为"false"，则休眠 100 ms。t1 休眠之后，会切换到主线程 main；主线程再次运行时，会执行 t1.interrupt( )中断线程 t1。t1 收到中断指令之后，会将 t1 的中断标记设置"false"，并且会抛出 InterruptedException 异常。在 t1 的 run( )方法中，是在循环体 while 之外捕获的异常，因此循环被终止。

11.4.4　wait( )与 notify( )方法

这两个方法配套使用，wait( )使线程进入阻塞状态，它有两种形式：一种是允许指定以毫秒为单位的一段时间作为参数，另一种没有参数。前者当对应的 notify( )方法被调用或者超出指定时间线程重新进入就绪，后者则必须在对应的 notify( )被调用才能解除阻塞。这两个方法通常配合关键字 synchronized 在线程的同步与互斥中使用。

11.5　线程的互斥与同步

互斥与同步是计算机操作系统理论中的概念，主要指多个进程或线程同时访问数据时，可能产生资源冲突，由此所引出的解决这种问题的方法。

在 Java 的多线程程序中，两个或者多个线程可能需要访问同一个数据资源。这时就必须考虑数据安全的问题，需要实现线程互斥或者同步。

11.5.1　线程的互斥

当多个线程需要访问同一资源时，要求在一个时间段内只能允许一个线程来操作共享资源，操作完毕后，别的线程才能读取该资源，这叫线程的互斥。需要使用 synchronized 关键字来给共享区域加上一个"互斥锁"，确保共享资源安全。当定义类、方法或者代码片段中使用了该关键字，就表示和该关键字相关联的对象有互斥锁。

先设置这样一个场景，有一个银行账户，里面有一些存款，假设某个人从这个账户里取款作为一个线程，那么三个线程并发就表示有三个人同时从这个账户里取款。这个场景中，账户存款作为一个共有资源，可能会被三个线程访问。下面把这个场景用程序表达出来。

【程序 11.9】

很明显，只设置了账户里有 1 005 元钱，每个线程都是取款 1 000 元，但在输出中看到有两个线程取款成功了，这显然是不合理的。原因就是三个线程同时执行，当一个线程对共有资源修改后，另外的线程并不知道。所以这就需要对共有资源进行保护，以限定在同一时刻只能有一个线程对这个资源进行访问，以保证对象状态的正确性。

对程序 11.9 进行修改，实现多线程互斥：

【程序 11.10】

容易看出，程序 11.10 就是在取款操作 getMoney( )方法前加上了同步修饰符 synchronized，也就是使得对共有资源 Balance 的访问加上了互斥锁，最终实现了线程的互斥。

程序 11.10 的运行结果显示，实现了互斥后，可以保证账户金额状态的正确性，只有一个线程可以取款成功，其他线程都会因为余额不足而不能取款。Synchronized 关键字加在方法前，表示线程执行该方法时，必须获得该方法所在对象的互斥锁。一般情况下，凡是需要获得互斥锁的地方，都可以使用 synchronized。对于本程序，也可用 synchronized 去修饰账户类，表示该类的所有方法都是互斥的。

11.5.2 线程的同步

在某些情况下，线程需要交替执行。比如一个线程向一个存储单元执行存放数据，而另一个线程执行取值操作。但是在前面也认识到，线程执行的顺序是不可控的，并不能明确线程执行的先后顺序，那么就可能会造成这种情况：在存放数据的线程执行前，取数据的线程就开始执行了，而这时存储单元还是空的，那么这个取数据操作一定会失败，因为没有任何数据可取；另一种情况是：存储单元慢了，这时应该执行读取数据操作取走数据，腾出空间来继续存放数据，可是存数据线程先执行了，向一个满的空间存放数据，自然也会失败，因为空间溢出了。

为了避免这种问题，需要解决线程交替执行的问题，但是又要保证共享资源安全，让线程间相互协作，按照一定步骤共同完成任务，这就是线程的同步。

Java 提供了 3 个方法：wait( )、notify( )和 nodifyAll( )来实现线程的同步，这 3 个方法是 Object 类的成员方法，所以，在任何类中都可以使用这 3 种方法。

public final void wait( )：使当前线程睡眠，直到其他线程进入管程唤醒它。

public final void notify( )：唤醒此对象等待池中第一个调用 wait( )方法的线程。

public final void nodifyAll( )：唤醒此对象等待池中所有睡眠的线程。

下面通过一个操作系统理论中的经典的进程同步问题——"生产者-消费者"问题来介绍线程的同步。这个问题用线程思想表达出来，就是有一些生产线程产生数据放置在公共区，一些消费线程去提取消费数据。在这个问题中，要保护公共资源的安全性，在生产者生产物资时，消费线程必须等待，不能打断生产线程，当生产到一定数量时，生产线程暂停让消费线程提取数据。

【程序 11.11】

可以看到，货物生产与取货实现了同步协作工作。没货时，取货线程不会继续执行；而货满时，生产线程也不会继续执行。它们会等待对方线程执行后才开始执行。

在多线程同步时，还需要注意以下问题：

① wait( )和 notify( )方法必须位于同步代码块中，也就是 synchronized 修饰的代码块中。执行这些方法的线程必须已经获得了互斥锁。这两个方法属于拥有互斥锁的对象。

② wait( )和 notify( )方法必须配对使用，执行 wait( )方法进入等待队列的线程，应该由另一个线程执行 notify( )方法唤醒。

③ 在某些情况下，可以使用 notifyAll( )方法代替 notify( )方法，唤醒等待队列中的所有线程。

程序实作题

1. 基于程序 11.4-2，创建四个线程的并行。
2. 使用多线程互斥和同步解决 5 个哲学家问题。

（哲学家问题描述为：一张圆桌上坐着 5 名哲学家，桌子上每两个哲学家之间摆了一根筷子，两根筷子中间是一碗米饭。哲学家们倾注毕生精力用于思考和进餐，哲学家在思考时，并不影响他人。只有当哲学家饥饿的时候，才试图拿起左、右两根筷子（一根一根拿起）。如果筷子已在他人手上，则需等待。饥饿的哲学家只有同时拿到了两根筷子才可以开始进餐，当进餐完毕后，放下叉子继续思考。）

第 12 章 GUI 程序设计

学习目标

在本章中将学习以下内容：
- Swing 与 AWT 组件
- JavaGUI 的层次体系
- 基于 Swing 的 GUI 设计
- 界面布局设计
- GUI 中的事件处理机制
- 高级 Swing 组件

图形用户界面（Graphic User Interface，GUI）设计是构建可视化应用的重要基础。对于程序的使用者而言，他们更愿意使用那些界面友好、美观的应用程序，而 GUI 程序能带给用户更好的体验，因此现在许多应用程序，包括桌面应用程序、网页应用程序、移动应用程序等，都会以 GUI 的形式提供给最终用户。因为 GUI 程序带给用户的不仅是更直观的界面，更提供了友好的人机交互方式，使用户可以简单方便地操作程序。

12.1 Java GUI基础

12.1.1 Swing 与 AWT

在早期的 Java 版本中，Java 将图形用户界面相关的类捆绑在一起，放住一个称为抽象窗口工具箱（Abstract Window Toolkit，AWT）的库中。AWT 适合开发简单的图形用户界面，但并不适合开发复杂的 GUI 项目。因为 AWT 只提供了最少的 GUI 功能，不适合构建复杂的 GUI 程序，更重要的是，AWT 中的图形函数与操作系统所提供的图形函数之间有着一一对应的关系，我们把它称为 peers。也就是说，当利用 AWT 来构件图形用户界面的时候，实际上是在利用操作系统所提供的图形库。由于不同操作系统的图形库所提供的功能是不一样的，所以，在一个平台上存在的功能在另外一个平台上则可能不存在。AWT 所提供的图形功能是各种通用型操作系统所提供的图形功能的交集，使 AWT 很容易发生与特定平台相关的故障，降低了程序的跨平台兼容性和可移植性。

因此，Java 在后续版本中提供了一种更稳定、更通用和更灵活的库，这种库称为 Swing 组件（Swing component）库。Swing 是在 AWT 的基础上构建的一套新的图形界面系统，它提供了 AWT 所能够提供的所有功能，并且用纯粹的 Java 代码对 AWT 的功能进行了大幅度的扩充。例如，并不是所有的操作系统都提供了对树形控件的支持，而 Swing 利用了 AWT 中所提供的基本作图方法对树形控件进行模拟。由于 Swing 控件是用 100%的 Java 代码来实现的，因此在一个平台上设计的树形控件可以在其他平台上使用，并且具有更高的性能。通常把不依赖于本地 GUI 的 Swing 组件称为轻量级组件（lightweight component），而把 AWT 组件称为重量级组件（heavyweight component）。

Swing 不仅包含了 AWT 的大部分功能，并且具有更多优秀的特性，不过在某些地方，Swing 仍然不能完全代替 AWT。因此在本书中，为大家介绍 Swing 组件的同时，也会介绍一些 AWT 中的重要部分。

Swing 组件在 Javax.swing 包中；AWT 在 Java.awt 包中。

12.1.2 Java GUI 层次体系

Java GUI 主要分为三个类别：组件类（Component Class）、容器类（Container Class）和辅助类（Helper Class）。

1. 组件类

组件类是用来创建图形用户界面的各类组件，如按钮、文本框、选择框等。Java 组件类主要有两个核心根类 Component 和 JComponent，这是两个抽象类，所有具体的组件都是它们的子类。其中 JComponent 是 Swing 组件的根类，而 Component 是包括容器类在内的所有 GUI 类的根类。

GUI 组件中有一部分组件具有图形外观，能在图形界面上显示并提供与用户的交互功能，称之为"可视化组件"。例如 JButton（按钮）、JLabel（标签）、JTextField（文本框）等。而 GUI 组件中的另外一部分没有图形外观，称为"非可视化组件"。它们通常需要与可视化组件相结合，共同完成特定的图形功能。例如 JPanel（面板）就是典型的非可视化组件，主要用于界面的布局。

2. 容器类

容器类是用来盛装其他 GUI 组件的 GUI 组件，容器类的根类是 Container。Java 中的容器包含顶层容器和中间容器。

顶层容器是容纳其他组件的基础，即设计图形化程序必须要有顶层容器。Swing 中的顶层容器主要有四个：

① JFrame：是最常见的一种顶层容器，它的作用是创建一个顶层的窗体，可以用于放置其他的容器和组件。

② JDialog：用于创建对话框。也叫弹出式窗口或消息框，一般用于接收来自用户的附加信息或作为通知事件消息的临时窗口。

③ JWindow：创建的窗体不带标题栏、最大化和最小化按钮，也就是没有修饰的窗体。

④ JApplet：是 Java 小应用程序的顶层容器，可嵌入网页中执行。

中间容器是可以包含其他相应组件的容器，但是中间容器和组件一样，不能单独存在，必须依附于顶层容器。Swing 中的中间容器主要有：

① JPanel：是一个可以放置界面组件的不可见容器，可以进行嵌套，也可用作画图的画布，应用十分广泛。

② JScrollPane：与 JPanel 类似，但还可在大的组件或可扩展组件周围提供滚动条。

③ JTabbedPane：包含多个组件，但一次只显示一个组件。用户可在组件之间方便地切换。

④ JToolBar：按行或列排列一组组件（通常是按钮）。

Container 类会提供一个 public add( )方法，一个容器可以调用这个方法将组件添加到该容器中，这是 GUI 设计的一个主要过程。

3．辅助类

辅助类不是组件，也不是容器，它们通常都是不可视的，主要用来描述 GUI 组件的属性。常用的有：

Java.awt.Graphics：一个抽象类，提供绘制字符串、线和简单几何图形的方法。

Java.awt.Color：处理 GUI 组件的颜色。例如，可以在像 JFrame 和 JPanel 这样的组件中指定背景色或前景色，或者指定绘制的线条、几何图形和字符串的颜色。

Java.awt.Font：指定 GUI 组件上文本和图形的字体。例如，可以指定按钮上文本的字体（例如"宋体"）、字型（例如"粗体"）及字号（例如"四号"）。

Java.awt.FontMetrics：一个获取字体属性的抽象类。

Java.awt.Dimension：将组件的宽度和高度（以整数为精度）封装在单个对象中。

Java.awt.LayoutManager：指定组件在容器中如何放置。

辅助类在 GUI 设计中非常的重要，这也是 Swing 不能完全替代 AWT 的原因。通常只是用 Swing 的组件和容器去代替 AWT 的组件和容器。

Java 的 GUI 层次体系如图 12-1 所示，从图中也可以看出 Swing 与 AWT 的关系。

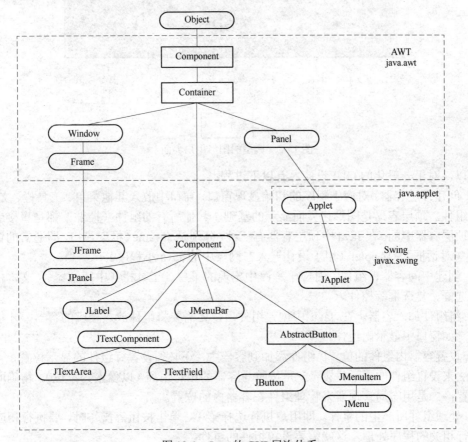

图 12-1　Java 的 GUI 层次体系

12.2 基于 Swing 的 GUI 设计

大家都使用过图形化界面程序，一般使用一个程序过程是这样的：打开一个程序，出现一个窗口或对话框，其中一般有菜单、工具栏、文本框、按钮、单选框、复选框等组件（也叫作控件），用户录入相关数据，点按相关菜单、按钮，程序对数据进行相关处理，并将处理后的数据显示或者保存起来，最后关闭程序。

用 Java 编程的相关设计步骤来分解上面的程序运行过程，如图 12-2 所示。

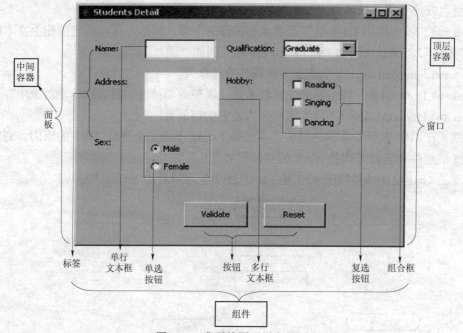

图 12-2　典型的图形用户界面

所以，对于一般化的 GUI 设计，有以下过程：

① 创建顶层容器。对应于程序的初始显现窗口，窗口中放入其他菜单、工具栏、文本框、按钮等组件。顶层容器是图形化界面显示的基础，其他所有的组件（控件）都是直接或间接显示在顶层容器中的。在 Java 中顶层容器有三种，分别是 JFrame（框架窗口，即通常的窗口）、JDialog（对话框）、JApplet（用于设计嵌入在网页中的 Java 小程序）。

② 创建中间容器、组件。对应于程序中出现的菜单、工具栏（中间容器）、文本框、按钮、单选框、复选框等控件。

③ 将组件加入容器。在 Java 中创建组件后，还需要将组件放入相应的容器，才能在顶层容器，如窗口中显示出组件。

④ 设置容器内组件的位置。组件添加到容器中，还必须设置好组件的显示位置，一般有两种方法来设置组件的显示位置：一是按照与容器的相对距离（以像素为单位），精确固定控件的位置；二是用布局管理器来管理组件在容器内的位置。

⑤ 处理组件所产生的事件。即用户执行选择菜单、单击按钮等操作时，要执行相应的命令，进行相关的程序处理，这就需要设置组件的事件。

下面通过结合常用的 Swing 组件来介绍如何在 Java 中进行 GUI 的设计。

12.2.1 框架 JFrame

框架是一个顶层容器，前面提到了 Java 图形用户界面必须有至少一个顶层容器，所以首先学习框架的使用。

JFrame 属于 Swing 组件包，作用是创建一个大家最常见的 Windows 窗体。JFrame 通常使用两个构造方法：

JFrame( )：创建一个无标题的初始不可见框架。

JFrame（String Title）：创建一个标题为 Title 的初始不可见框架。

注意：使用构造方法创建的初始框架都是不可见的，必须要设置其可见性为 true 才能显示，这会在接下来的例子里介绍到。

JFrame 从 Java.awt.Frame、Java.awt.Window、Java.awt.Container、Java.awt.Component 这几个类中继承方法，我们介绍的 JFrame 常见方法也可能在其他容器和组件中使用，用法基本一致。所以在介绍其他组件时，如果有相同的方法，就不再赘述了。

JFrame 经常用到的方法见表 12-1。

表 12-1 JFrame 常用方法

方 法	描 述
setTitle（String Title）	设置窗体标题
setVisible（boolean b）	设置窗体可见性，true 为可见，false 为不可见
setSize（int w，int h）	设置窗体大小，单位为像素
SetResizebale（boolean n）	设置窗体是否可改变大小
setLocation（int x，int y）	设置窗体起始位置，以屏幕左上角为原点，单位为像素
setDefaultCloseOpration（JFrame.EXIT_ON_CLOSE）	设置窗体关闭事件为默认事件，即用户单击关闭按钮后，关闭窗体。JFrame.EXIT_ON_CLOSE 是关闭方式的参数，表示关闭窗体后结束应用程序。还有其他参数：DO_NOTHING_ON_CLOSE 表示不执行任何操作，无法关闭窗口；HIDE_ON_CLOSE 表示不关闭程序，只将程序界面隐藏起来（后台最小化）；DISPOSE_ON_CLOSE 表示继续运行应用程序，但释放了窗体中占用的资源
setLayout（LayoutManage l）	设置窗体布局

接下来用例子介绍两种创建框架窗体的方式：

1. 直接定义 JFrame 类的对象创建一个窗口

【程序 12.1】

2. 创建类继承 JFrame 类创建一个窗口

【程序 12.2】

两个程序运行结果完全一致（因为窗体参数设置一样），如图 12-3 所示。

图 12-3　运行结果

这里要注意一下，在 Java 的 GUI 设计时，最好把 Swing 包和 AWT 都引用，因为它们在设计时都可能用到。

第一个 GUI 程序就这样完成了，但是它什么都不能做，还需要对它进行进一步的设计，为它添加组件。在实际编程过程中，一般很少将文本框、按钮等组件直接放在顶层容器中进行布局，大多数时候是通过布局管理器结合中间容器对组件进行布局设置。

有两种方法将组件添加到 JFrame 中。

方法一：用 getContentPane( )方法获得 JFrame 的内容面板，再对其加入组件，一般使用该方式添加组件。其形式如下：

```
frame.getContentPane( ).add(childComponent)
```

方法二：把组件添加到 Jpanel 之类的中间容器中，再用 setContentPane( )方法把该容器置为 JFrame 的内容面板，形式如下：

```
Jpanel contentPane=new Jpanel( );
    …//把其他组件添加到Jpanel中;
frame.setContentPane(contentPane);
```

不过要注意的是，用 setContentPane( )方法不允许设置窗体布局，其只显示最后添加的组件，且该组件将布满整个窗口，而不管原先组件的大小设置，相当于只允许添加一次组件作为 JFrame 的内容面板。

12.2.2　面板 JPanel

面板是一个最常使用的中间容器，包含在 Javax.swing 包中，可以进行嵌套，功能是对窗体中具有相同逻辑功能的组件进行组合。JPanel 通常使用以下两个构造方法：

JPanel( )：创建具有双缓冲和流布局的新 JPanel。

JPanel（LayoutManager layout）：创建具有指定布局管理器的新 JPanel。

JPanel 经常用到的方法见表 12-2。

表 12-2　JPanel 常用方法

方　　法	描　　述
Add（Component c）	将组件添加到面板上
setBackground（Color c）	设置面板的背景色
setLayout（LayoutManage l）	设置面板布局

下面通过一个在窗体中添加一个蓝色的面板的例子来了解 JPanel 的使用。

【程序 12.3】

运行程序会看到窗体内有一个蓝色的面板，接下来就可以在这个面板中放置各类组件了。

Java 允许中间容器嵌套中间容器，也就是说，JPanel 中间可以再放置 JPanel，以实现复杂的 GUI 布局，这是实现 GUI 设计的重要基础，使得我们可以对各组件进行灵活的布局，以产生美观的界面效果。

接下来再通过一个例子介绍 JPanel 的嵌套。

【程序 12.4】

12.2.3 常见 GUI 组件

前面介绍的窗体和面板仅仅是容器，真正提供人机交互的是诸如按钮、文本框这类的组件，所以要完整地设计一个图形用户界面以提供用户对程序的操作，还必须了解这些常用组件。下面就来介绍这些常用组件，并且都选择 Swing 中的组件。

1. 标签 JLabel

标签的功能是显示单行的字符串。这是比较常用的组件，在 GUI 中通常都是使用标签来显示文字的输出。JLabel 的常用方法见表 12-3。

表 12-3 标签 JLabel 常用方法

方　法	描　述
JLabel( )	构造方法，建立一个新的标签
JLabel（String text）	构造方法，以 text 为内容建立一个新的标签
JLabel（String text，int alignment）	构造方法，以 text 为内容和指定的布局建立一个新的标签。alignment 有 3 种，分别用 Label 类的 3 个常量（LEFT（0）（默认）、CENTER（1）和 RIGHT（2））来表示左对齐、居中对齐和右对齐
JLabel（Icon image）	构造方法，使用指定的图标为标签内容建立一个新的标签
int getAlignment( )	返回标签当前的对齐方式
setAlignment（int alignment）	设置标签对齐方式
String getText( )	返回标签当前显示的字符串
void setText（String label）	设置标签显示的字符串
Icon getIcon( )	返回标签当前显示的图标
void setIcon（Icon icon）	设置标签显示的图标

下面这个例子显示了四个标签，前三个标签分别用左、中、右三种对齐方式显示文字，第四个标签是一个图标。

【程序 12.5】

在这个例子中，使用了 ImageIcon 类创建了一个图像图标，这在 GUI 组件的设计中经常会用到。ImageIcon 是一个实现了 Icon 接口的类，可以用于所有以 Icon 为类型的参数中，它最常用的一个构造方法是 new ImageIcon（String ImageURL），就是从一个地址或路径上引用一张图片，把这张图片作为图标显示图像。在后面其他组件的介绍中，还会经常使用到 ImageIcon 类。

2. 按钮 JButton

按钮是一个大家非常熟悉的组件，在各类 GUI 程序中都见得到，它的作用是点击时触发动作事件。

JButton 的常用方法见表 12-4。

表 12-4 按钮 JButton 常用方法

方　　法	描　　述
JButton( )	构造方法，建立一个新的按钮
JButton(String text)	构造方法，以 text 为内容建立一个新的按钮
JButton(Icon image)	构造方法，使用指定的图标为按钮内容建立一个新的按钮
JButton(String text，Icon image)	构造方法，使用 text 和指定的图标为按钮内容建立一个新的按钮
setHorizontalTextPosition(int pos)	设置文字相对图标的水平位置，左中右
setVerticalTextPosition(int pos)	设置文字相对图标的垂直位置，上中下
String getText( )	返回按钮当前显示的字符串
void setText(String label)	设置按钮显示的字符串
Icon getIcon( )	返回按钮当前显示的图标
void setIcon(Icon icon)	设置按钮显示的图标

下面用一个例子介绍按钮 JButton 的使用，这个例子创建了五个按钮，分别呈现了五种外观：第一个按钮，默认样式；第二个按钮，只显示图标；第三个按钮，文字加图标显示，文字在图标右上角；第四个按钮，文字加图标显示，文字覆盖在图标中间；第五个按钮，可变化图标显示，分别在鼠标指向按钮和鼠标点击按钮时显示不一样的图标。

【程序 12.6】

可以看到当鼠标指在第五个按钮上时,按钮的图标发生了改变,实现了 GUI 中常用的按钮翻转器效果。

但是现在添加的按钮仅仅只呈现了外观,单击它们不会有任何事发生,这是因为没有为这些按钮添加事件响应。关于 GUI 的事件处理机制将在第 12.4 节介绍。

3. 复选框和单选按钮

这两个组件大家也不陌生,因为它们让用户对组件进行选择,使组件呈现被选中和未选中两种状态。区别在于复选框可以允许一个组中有多个选中状态,而单选按钮只允许在一个组中有唯一一个被选中。

实现复选框的类是 JCheckBox,实现单选按钮的类是 JRadioButton,它们都继承于 AbstractButton,也就是说,它们都拥有与 Button 一样的方法。当然,也有其独特的方法,这些方法见表 12-5。(与 JButton 相同的方法不再列出)

表 12-5 JCheckBox 和 JRadioButton 常用方法

方　　法	描　　述
JCheckBox(String text)	构造方法,创建一个内容为 text 的复选框。默认选中状态为未选中
JCheckBox (String text, Boolean selected)	构造方法,创建一个内容为 text,状态为 selected 的复选框。selected 为 true 表示选中,为 false 表示未选中(下同,不再表述)
JCheckBox (String text, Icon icon, Boolean selected)	构造方法,创建一个内容为 text,图标为 icon,状态为 selected 的复选框
JRadioButton(String text)	构造方法,创建一个内容为 text 的单选按钮。默认选中状态为未选中
JRadioButton (String text, Boolean selected)	构造方法,创建一个内容为 text,状态为 selected 的单选按钮
JRadioButton(String text, Icon icon, boolean selected)	构造方法,创建一个内容为 text,图标为 icon,状态为 selected 的单选按钮
Boolean isSelected()	返回当前复选框或单选按钮的选中状态

复选框的创建与使用基本和按钮相类似,而单选按钮的使用则有一个主要注意的地方。因为单选按钮在逻辑上要表示一组中只能有一个选中,所以在使用单选按钮时,必须对其进行分组。分组创建 Java.swing.ButtonGroup 的一个实例,再使用其 add() 方法把单选按钮添加到该组中,那么在一个 ButtonGroup 中的单选按钮就只能有一个被选中。而在不同组中的单选按钮则相互独立,不受影响。

下面这个例子创建了三个复选框,五个单选按钮,其中两个在一组、三个在一组。

【程序 12.7】

4. 文本框 JTextField 和 JPasswordField

文本框主要用于提供用户输入字符串的功能,同时也能输出字符串至文本框中。

JTextField 常用的方法见表 12-6。

表 12-6　JTextField 常用方法

方　法	描　述
JTextField（int colume）	构造方法，创建一个内容为空，列长度为 colume 的文本框
JTextField（String text）	构造方法，创建一个内容为 text 的文本框
JTextField（String text，int colume）	构造方法，创建一个内容为 text、列长度为 colume 的文本框
String getText( )	获取文本框中的文本
void setText（String text）	设置文本框中文本为 text
void setForeground（Color c）	设置文本框中文本颜色为 c
void setHorizontalAlignment（int align）	设置文本框中文本的对齐方式，左中右
void setFont（Font f）	设置文本框中文本的字体

JPasswordField 与 JTextField 基本一样，只不过可以设置回显字符，即文本框中的文字不直接显示在界面上，而是用回显字符来代替，通常用于用户输入密码的场景。

设置回显字符的方法为

```
setEchoChar(char c)
```

下面这个例子创建了三个 JTextField 文本框，第一个是列长度为 30 的空文本框；第二个文本框文字颜色为蓝色，文字右对齐；第三个文本框字体为黑体、斜体、大小为 6 磅。还创建了一个 JPasswordField 文本框，并设置回显字符为*。

【程序 12.8】

在这个例子中，用到了两个在 GUI 设计中常用的类 Java.awt.Color 和 Java.awt.Font。这两个类封装了对颜色和字体的管理，下面对它们进行简单介绍。

（1）Color 类

Color 类提供了若干常用颜色实例，可作为参数设置组件中与颜色相关的属性，例如 Color.WHITE 表示使用白色。如果要使用自定义的颜色，Color 类还提供一个构造方法 Color（int r, int g, int b）构造一个颜色实例，参数 r、g、b 分别设置颜色的 RGB 分量，取值范围为 0～255。例如 Color（0, 0, 0）表示黑色，Color（255, 255, 255）表示白色。

（2）Font 类

Font 类提供字体实例，作为参数设置组件中与字体相关的属性。Font 类最常用的构造方法 Font（String Name, int Style, int Size）构造一个字体为 Name、字型为 Style、字号为 Size 的 Font 实例。字体 Name 是一个字符串，值为系统字库中安装的字体名称；字型 Style 使用 Font 类内置的字型常量；字号 Size 设置文本的大小，单位为磅。例如 Font（"宋体"，Font.BOLD，16）表示宋体加粗 16 磅的文字。

Color 类和 Font 类更具体的参数和方法可参阅 Java API 文档。

5. 文本区域 JTextArea

JTextField 只能输入一行文本,如果需要输入多行文本,那么可以使用文本区域 JTextArea 来实现。JTextArea 常用的方法见表 12-7。

表 12-7　JTextArea 常用方法

方　　法	描　　述
JTextArea（int row，int colume）	构造方法,创建一个内容为空,行长度为 row、列长度为 colume 的文本区域
JTextArea（String text）	构造方法,创建一个内容为 text 的文本区域
JTextArea（String text，int row，int colume）	构造方法,创建一个内容为 text、行长度为 row、列长度为 colume 的文本区域
String getText( )	获取文本区域中的文本
void setText（String text）	设置文本区域中文本为 text
void setEditable（boolean b）	设置文本区域可编辑状态,true 为可编辑,false 为不可编辑
void setLineWrap（boolean b）	设置文本区域的换行方式,true 为自动换行,即当文字比控件的宽度还长时,会自动换行
void setWrapStyleWord（boolean b）	参数为 true,可以让换行的时候不会造成断字的现象
append（String text）	在文本区域中的文本后追加 text
insert（String text，int i）	向文本区域中的文本中插入 text 到 i 位置
replaceRange（String text，int start，int end）	在文本区域中的文本内替换 start 位置到 end 位置的文本为 text

下面这个例子创建了一个行长度为 10、列长度为 30、可编辑、自动换行的文本区域。

【程序 12.9】

在这个例子中,如果文字面积超过文本区域,超出部分的文字是看不到的,因为 JTextArea 是不处理滚动的。如果需要文本区域产生一个滚动条,可以使用 JScrollPane 类来实现。

JScrollPane 也是一个容器,创建一个 JScrollPane 实例,然后将 JTextArea 放入 JScrollPane 实例中,最后再把 JScrollPane 实例放到面板中,就可以实现 JTextArea 的滚动了。

修改程序 12-9,实现 JTextArea 的滚动。(只修改主类,窗体类与程序 12-9 一样,注意修改的部分)

【程序 12.10】

可以看到现在文本区域能放置整篇文档了,拖动滚动条可以浏览文本所有内容。如要将滚动条作用于其他组件,都可以此例为参考。

6. 组合框 JComboBox

组合框(ComboBox),也叫选择列表(Choice List)或下拉列表框(Dropdown List),它包含一个条目列表,用户能够从中进行选择。使用它可以限制用户的输入范围,不会出现条目外的输入,避免对输入数据进行烦琐的检测,提高程序的健壮性。JComboBox 的常用方法见表 12-8。

表 12-8 JComboBox 常用方法

方　　法	描　　述
JComboBox()	构造方法,创建一个无列表项的组合框
JComboBox(Object[]items)	构造方法,创建一个列表项为对象数组 items 的组合框
void addItem(Object anObject)	添加一个项目至组合框
int getItemCount()	获取组合框的列表项数
Object getItemAt(int index)	获得组合框中索引为 index 的列表项
int getSelectedIndex()	获得被选中列表项的索引
void setSelectedIndex(int index)	设置索引为 index 的列表项被选中
Object getSelectedItem()	获得被选中列表项
void setSelectedItem(Object anObject)	设置列表项 anObject 被选中
void removeAllItems()	移除组合框中所有列表项
void removeItem(Object anObject)	移除 anObject 列表项
void removeItemAt(int index)	移除索引为 index 的列表项

下面这个例子创建一个含四个条目的组合框。

【程序 12.11】

如要完成表 12-8 中那些对组合框的操作,例如添加列表项、删除列表项等,需设置事件处理机制,因此会在第 12.4 节进行介绍。

7. 列表框 JList

列表框与组合框的功能十分相似,但它允许用户选择一个或多个列表项。虽然 JList 组件功能与 JComboBox 的相似,但操作上有很大区别,因为 JList 使用了单独的模型 ListModel 来维护列表项。ListModel 是一个接口,提供用于维护列表项的实例,可通过 DefaultListMode 实现该接口。所以,如要添加、修改、删除列表项,需要创建 DefaultListMode 实例,在 DefaultListMode 实例上完成操作,再用 JList 提供的 setModel(ListModel model)方法传入 DefaultListMode 实例才能完成对列表项的操作,否则,是不能直接通过对列表的操作来修改列表项的。JList 的常用方法见表 12-9。

表 12-9　JList 常用方法

方　　法	描　　述
JList( )	构造方法，创建一个无列表项的列表
JList（Object[]items）	构造方法，创建一个列表项为对象数组 items 的列表。
void setSelectionBackground( )	设置被选择项背景色
void setSelectionForeground( )	设置被选择项前景色
void setSelectionMode（int i）	设置选择模式，有三种：SINGLE_SELECTION 表示只能选择单行；SINGLE_INTERVAL_SELECTION 表示选择连续几项的单区间；MULTIPLE_INTERVAL_SELECTION 表示可以选择不相邻的几项的多区间
void setVisibleRowCount（int c）	设置显示的列表项数

下面这个例子创建一个有五个列表项的列表框，列表框被选择项前景色为红色、被选择项背景色为黄色，选择模式为多区间选择，显示所有列表项。

【程序 12.12】

JList 不支持滚动，当列表项超出 JList 显示区域时，超出部分将不会显示。可以使用 JScrollPane 添加滚动条，此时，可通过 JList 的 setVisibleRowCount 方法设置列表框可显示的列表项行数。

修改程序 12-12，为列表框增加滚动条，并设置 setVisibleRowCount（4），列表框将呈现图 12-4 所示效果。

图 12-4　效果图

12.3　Java GUI 的界面布局设计

在前面的例子中，经常会看到在容器中调用一个 setLayout 的方法，表示按某种布局来放置容器中组件的位置。这是 Java 特有的一种机制。在许多其他的 GUI 环境中，组件的位置是通过像素度量来设置的，例如把组件放在容器（10，10）的位置，这会带来两个麻烦。首先，布置巨大数量的组件是十分烦琐的。其次，由于系统平台的差异，会使界面在一个系统中正常，而在另外的系统或设备上就不正常了。

所以 Java 提供了这样一种机制，可以给容器设定一种布局形式，只要将组件放置在该容器中，它们的位置将按布局的规范来设置。不管容器大小如何变化，组件始终按规范放置，这就是 Java 的布局。

每个容器对象都有一个与它相关的布局管理器。布局管理器是一个实现 LayoutManager 接口的任何类的实例。布局管理器由 setLayout( )方法设定。如果没有对 setLayout( )方法的调用，那么默认的布局管理器就被使用。每当一个容器被调整大小时（或第一次被形成时），布局管理器都被用来布置它里面的组件。

setLayout( )方法有以下基本形式：

```
void setLayout(LayoutManager layoutObj)
```

在这里，参数 layout 是所需布局管理器的一个引用。如果想禁用布局管理器从而手工布置组件，则将 layout 赋值为 null 即可。然后使用 Component 定义的方法 setBounds( )来手工决定每个组件的形状和位置。一般来说，还是推荐使用布局管理器。

Java 有几种预定义的 LayoutManager 类，接下来就介绍这些类，以便能使用最适合应用程序的布局管理器。

12.3.1 流式布局（FlowLayout）

流式布局管理器（FlowLayout）是默认的布局管理器。这是前面的例子所使用的布局管理器。流式布局管理器实现了一种简单的布局风格，它类似于在一个文本编辑器中文字的流动方式。组件从左上角开始，按从左向右、从上到下的方式布置。当更多的组件在一行上排列不下时，下一个组件就出现在下一行上。在每个组件的上边、下边、左边、右边都留有小的空间。下面是 FlowLayout 的构造函数：

```
FlowLayout( )
FlowLayout(int how)
FlowLayout(int how, int horz, int vert)
```

第一种形式生成了默认的布局，它将组件置于中心，在每个组件之间留下 5 个像素的距离。
第二种形式可以设定每一行组件的对齐方式，参数 How 的有效值如下所示：
FlowLayout.LEFT：左对齐
FlowLayout.CENTER：居中。
FlowLayout.RIGHT：右对齐。
第三种形式除设定对齐方式外，还可用 horz 和 vert 值分别设定组件间的水平和垂直距离。
下面这个例子以流式布局的默认形式放置 5 个按钮。

【程序 12.13】

流式布局作为容器的默认布局，其特点是简单方便，可使布局相对整齐，但不利于组织多个组件的布局，有一定局限性。

12.3.2 边界布局（BorderLayout）

BorderLayout 类通常是最顶层的窗口实现一个普通的布局风格。它的边缘为四个狭窄的、固定的宽的区域，在中间为一个大的区域。四条边分别称为南、北、西、东，中间部分称为中。下面是由 BorderLayout 所定义的构造函数：

```
BorderLayout( )
```

```
BorderLayout(int horz, int vert)
```
第一种形式生成了默认的边界布局管理器。第二种形式以 horz 和 vert 设定组件间的水平和垂直距离。

BorderLayout 定义了下列常数以指定区域：

```
BorderLayout.CENTER、BorderLayout.SOUTH、BorderLayout.EAST、BorderLayout.WEST、
BorderLayout.NORTH
```

当加入组件时，在 add( )方法中使用这些常数，add( )方法由 Container 定义：

```
void add(Component compObj, Object region);
```

这里，compObj 是被加入的组件，并用 region 指定组件被加入的位置。下面是一个关于 BorderLayout 的例子，在顶层容器 Frame 中以边界布局五个面板，显示五种背景色，每个布局区域都有一个。再在每个面板中放置一个按钮。

【程序 12.14】

边界布局 BorderLayout 比流布局更加灵活，可以在嵌套的容器中多次使用边界布局，以实现支持构建较复杂的布局。

12.3.3 网格布局（GridLayout）

网格布局管理器（GridLayout）在一个二维的网格中布置组件。当实例化一个网格布局管理器时，需要定义行数和列数。由网格布局管理器所支持的构造函数如下所示：

```
GridLayout( )
GridLayout(int numRows, int numColumns )
GridLayout(int numRows, int numColumns, int horz, int vert)
```

第一种形式生成了一个单列的网格布局管理器。第二种形式生成了一个设定行数为 numRows 与列数为 numColumns 的布局管理器。第三种形式在参数 horz 和 vert 中分别设定组件之间的水平和垂直间隔。参数 numRows 和 numColumns 其中之一可为零。指定参数 numRows 为零则允许使用无限长度的列。设定参数 numColumns 为零，则允许使用无限长度的行。

下面例子生成 3×3 的网格，并以 8 个按钮填充。

【程序 12.15】

网格布局可分出无限多的区域，其布局的灵活性进一步提升，可以使用类似网页设计中 Table 嵌套的思路，将容器嵌套并使用网格布局，就可以实现较为复杂的页面设计。

12.3.4 卡片布局（CardLayout）

CardLayout 类在其他的布局管理器中是独一无二的，因为它存储了几个不同的布局管理

器。每个布局管理器都可被看作是在一副可洗的牌中的具有单独索引的牌,这样在一个给定的时间总会有一个纸牌在顶层。当用户与可选的组件交互时,这会很有用,这些组件能根据用户的输入被动态启用或禁用。可以准备其他的布局管理器并将它们隐藏,以便在需要时被激活。

CardLayout 提供了两种构造函数:

```
CardLayout( )
CardLayout(int horz, int vert)
```

第一种形式生成了一个默认的卡片布局管理器。第二种形式分别在 horz 和 vert 中设定件之间的水平和垂直间隔。

使用卡片布局管理器比其他的布局管理器需要多做一些工作。一般来说,卡片存放在 Panel 类的一个对象中,这个面板必须使用卡片布局管理器作为它的布局管理器,形成纸牌的卡片通常也是 Panel 类的对象。这样,必须生成一个包含一副牌的面板,以及这副牌中的每张牌的面板。然后向适当的面板加入形成每张牌的组件。接着,向以卡片布局管理器为布局管理器的面板中加入这些面板。最后,将这个面板加入顶层容器(窗体或 Applet)。这些步骤完成后,再给用户提供在卡片之间进行选择的方法。通常是一副牌中的每张卡片都包含一个按钮。

当卡片面板被加入一个面板时,它们通常被给定一个名字。将卡片加入面板时,使用 add( ) 方法的以下形式:

```
void add(Component panelObj, Object name);
```

在这里,参数 name 是指定卡片名字的字符串,卡片的面板由 panelObj 设定。在生成一副牌之后,程序通过调用由 CardLayout 定义的下列方法之一来激活一张卡片:

```
void first(Container deck)
void last(Container deck)
void next(Container deck)
void previous(Container deck)
void show(Container deck, String cardName)
```

这里,deck 是盛卡片的容器的一个引用(通常是一个面板),cardName 是一张卡片的名字。

调用 first( )方法使得 deck 中的第一张牌被显示;若显示最后一张,调用 last( );显示下一张时,调用 next( );显示前一张时,调用 previous( )。next( )和 previous( )都会自动地分别循环回到组的最顶部及最底部。show( )方法显示了以 cardName 命名的卡片。

12.4　GUI中的事件处理机制

在前面章节介绍了很多的 GUI 组件,这些组件除了完成界面组织和数据输入/输出功能外,还有很重要的一项任务,就是完成人机交互,即接收用户向程序发送的操作,并响应用户操作按程序逻辑执行代码。通常把用户向程序提交的操作称为"事件",程序发现用户的操作叫作"事件响应",根据用户的操作执行程序叫作"事件处理"。例如,在 GUI 中使用按钮,当用户按下按钮时,就产生了一个单击按钮事件(不同的组件会产生其独特事件,后面会介绍）；然后程序就会接收到这个事件，产生单击按钮的事件响应，再按程序绑定的事件转入事件处理。

事件有很多种类型。经常处理的事件是由鼠标、键盘和按钮等各种控件触发的事件。这些事件在 Java 的 Java.awt.event 包中被提供。

12.4.1 委托事件机制模型

Java 处理事件的方法是基于委托事件模型（delegation event model），这种模型定义了标准一致的机制去产生和处理事件。它的概念十分简单：一个事件源（source）产生一个事件（event），并把它送到一个或多个监听器（listeners）那里。在这种方案中，监听器简单地等待，直到它收到一个事件。一旦事件被接收，监听器将处理这些事件，然后返回。这种设计的优点是那些处理事件的应用程序可以明确地和用来产生那些事件的用户接口程序分开。一个用户接口元素可以委托一段特定的代码处理一个事件。在委托事件模型中，监听器必须注册才能接收一个事件通知。这样有一个重要的好处：通知只被发送给那些想接收的它们的监听器那里。

接下来介绍事件的定义并且描述事件源与监听器的任务。

1. 事件

在委托事件模型中，一个事件是一个描述了事件源的状态改变的对象。它可以作为一个人与图形用户接口相互作用的结果被产生。一些产生事件的活动可以通过按一个按钮、用键盘输入一个字符、选择列表框中的一项、单击鼠标等产生。许多别的用户操作也能产生事件。

另外，事件也可能不是由用户接口的交互而直接发生的。例如，一个事件可能由于在定时器到期、一个计数器超过了一个值、一个软件或硬件错误发生或者一个操作被完成而产生。

2. 事件源

一个事件源是一个产生事件的对象。当这个对象内部的状态以某种方式改变时，事件就会产生。并且一个事件源可能产生不止一种事件。

一个事件源必须注册监听器，以便监听器可以接受关于一个特定事件的通知，每一种事件都有它自己的注册方法。这里是通用的形式：

```
public void addTypeListener(TypeListener el)
```

在这里，type 是事件的名称，而 el 是一个事件监听器的引用。例如，注册一个键盘事件监听器的方法叫作 addKeyListener( )，注册一个鼠标活动监听器的方法叫作 addMouseMotionListener( )。当一个事件发生时，所有被注册的监听器都被通知并收到一个事件对象的拷贝，这叫作多播事件。在所有的情况下，事件通知只被送给那些注册接受它们的监听器。

一些事件源也可能只允许注册一个监听器。这种方法的通用形式如下所示：

```
public void addTypeListener(TypeListener el) throws Java.util.TooManyListenersException
```

在这里，type 是事件的名称而 el 是一个事件监听器的引用。当这样一个事件发生时，被注册的监听器被通知，这叫作单播事件。

一个事件源也必须提供一个允许监听器注销一个特定事件的方法。这个方法的通用形式如下所示：

```
public void removeTypeListener(TypeListener el)
```

这里，type 是事件的名字，而 el 是一个事件监听器的引用。例如，为了注销一个键盘监听器，将调用 removeKeyListener( )函数。

这些增加或删除监听器的方法被产生事件的事件源提供。例如，component 类就提供了那些增加或删除键盘和鼠标事件监听器的方法。

3．事件监听器

一个事件监听器是一个在事件发生时被通知的对象。它有两个要求：第一，为了可以接收到特殊类型事件的通知，它必须在事件源中已经被注册。第二，它必须实现接收和处理通知的方法。

用于接收和处理事件的方法在 Java.awt.event 中被定义为一系列的接口。例如，MouseMotionListener 接口定义了两个在鼠标被拖动时接收通知的方法。如果实现这个接口，任何对象都可以接收并处理这些事件的一部分。

总体来说，Java 事件处理有三部分主要内容：
① 事件对象：表示事件的内容；
② 事件源：哪个控件上发生了事件；
③ Listener：事件发生了谁来处理。

基于委托事件机制模型，在程序中编写"事件处理"程序段时，通常可以分为以下几个步骤：
① 确定事件类型。
② 为部件增加一个该事件的监测器：通常名为***Listener。这些接口包含在 Java.awt.event 和 Javax.swing.event 包中。
③ 增加事件处理程序。

12.4.2 事件类

Java 事件处理机制的核心是那些代表事件的类。因而，从事件类开始介绍事件处理。事件类会提供一个一致而又易用的封装事件的方法。

在 Java.util 中被封装的 EventObject 类是 Java 事件类层次结构的根节点。它是所有事件类的基类。它的一个构造函数如下所示：

```
EventObject(Object src)
```

这里，src 是一个可以产生事件的对象。EventObject 类包括两个方法：getSource( )和 toString( )。GetSource( )方法返回的是事件源，是等价于事件的一个字符串。

在 Java.awt 包中被定义的 AWTEvent 类是 EventObject 类的子类。同时作为所有基于 awt 的事件的基类（不论直接还是间接），它在委托事件模型中被使用。它的 getID( )方法可以被用来决定事件的类型。

总的来说，EventObject 是所有事件类的基类，而 AWTEvent 是所有在委托事件模型中处理的 AWT 事件类的基类。

Java.awt.event 这个包定义了一些能被各种用户接口单元产生的事件类型。常用的事件类见表 12-10。

表 12-10 Java.awt.event 中的主要事件类

事件类	描 述
ActionEvent	通常在按下一个按钮、双击一个列表项或者选中一个菜单项时发生
AdjustmentEvent	当操作一个滚动条时发生
ComponentEvent	当一个组件隐藏、移动、改变大小或成为可见时发生
ContainerEvent	当一个组件从容器中加入或删除时发生
FocusEvent	当一个组件获得或失去键盘焦点时发生
InputEvent	当所有组件的输入事件的抽象超类的一个复选框或列表项被点击时发生
ItemEvent	当一个选择框或一个可选择菜单的项被选择或取消时发生
KeyEvent	当输入从键盘获得时发生
MouseEvent	当鼠标被拖动、移动、点击、按下、释放时发生；或者在鼠标进入或退出一个组件时发生
TextEvent	当文本区和文本域的文本改变时发生
WindowEvent	当一个窗口激活、关闭、失效、恢复、最小化、打开或退出时发生

接下来选择几个常用的事件类进行介绍。

1. ActionEvent 类

这是一个比较常用的事件类，当一个按钮被按下，列表框中的一项被双击，或者是一个菜单项被单击时，都会产生一个 ActionEvent 类型的事件。在 ActionEvent 类中定义了四个用来表示功能修改的整型常量：ALT_MASK、CTRL_MASK、META_MASK 和 SHIFT_MASK。除此之外，还有一个整型常量 ACTION_PERFORMED 用来标识事件。

当相应事件产生时，系统会产生事件类实例并作为参数传递给事件处理程序，因此可以使用类方法来获得一些事件相关的数据。ActionEvent 类最常用的一个方法是：

```
String getActionCommand( )
```

这个方法获得命令的名字，当一个按钮被按下时，一个 ActionEvent 类事件产生，它的命令名和按钮上的标签相同。例如，当一个文本为"btn"的按钮被按下时，调用 getActionCommand( )方法将返回"btn"。

通过这个方法可以在有多个按钮的界面中获知是哪一个按钮被按下。

2. AdjustmentEvent 类

一个 AdjustmentEvent 类的事件由一个滚动条产生。调整事件有五种类型。在 AdjustmentEvent 类中定义了用于标识它们的整型常量。这些常量和意义在下面列出：

① BLOCK_DECREMENT：用户单击滚动条内部减少这个值。
② BLOCK_INCREMENT：用户单击滚动条内部增加这个值。
③ TRACK：滑块被拖动。
④ UNIT_DECREMENT：滚动条端的按钮被单击减少它的值。
⑤ UNIT_INCREMENT：滚动条端的按钮被单击增加它的值。

除此之外，还有一个整数常量 ADJUSTMENT_VALUE_CHANGED，它用来表示改变已经发生。

AdjustmentEvent 类常用方法有：

① Adjustable getAdjustable( )：返回产生事件的对象。

② int getAdjustmentType( )：获得调整事件的类型，返回被 AdjustmentEvent 定义的常量之一。

③ int getValue( )：获得滚动条的调整数量。

3. ContainerEvent 类

一个 ContainerEvent 事件是在容器中被加入或删除一个组件时产生的。容器有两种事件类型，在 ContainerEvent 类中定义了用于标识它们的整型常量：

① COMPONENT_ADDED：在容器中加入一个组件。

② COMPONENT_REMOVED：在容器中删除一个组件。

ContainerEvent 类常用方法有：

① Container getContainer( )：获得产生这个事件的容器的一个引用。

② Component getChild( )：返回在容器中被加入或删除的组件。

4. FocusEvent 类

一个 FocusEvent 是在一个组件获得或失去输入焦点时产生。这些事件用 FOCUS_GAINED 和 FOCUS_LOST 这两个整型变量来表示。

通过调用 boolean isTemporary( )方法可以知道焦点的改变是否是暂时的。如果这个改变是暂时的，那么这个方法返回 true，否则返回 false。

5. ItemEvent 类

一个 ItemEvent 事件是当一个复选框或者列表框被单击，或者是一个可选择的菜单项被选择或取消选定时产生。这个项事件有两种类型，它们可以用如下所示的整型常量标识。

① DESELECTED：表示用户取消选定的一项。

② SELECTED：表示用户选择一项。

除此之外，ItemEvent 类还定义了一个整型常量 ITEM_STATE_CHANGED，用它来表示一个状态的改变。

ItemEvent 常用方法：

① Object getItem( )：获得一个产生事件的项的引用。

② ItemSelectable getItemSelectable( )：获得一个产生事件的 ItemSelectable 对象的引用。

③ int getStateChange( )：返回了事件对应的状态（如选择或取消）。

6. KeyEvent 类

一个 KeyEvent 事件是当键盘输入发生时产生。键盘事件有三种，分别用整型常量 KEY_PRESSED、KEY_RELEASED 和 KEY_TYPED 来表示。前两个事件在任何键被按下或释放时发生，而最后一个事件只在产生一个字符时发生（并不是所有被按下的键都产生字符。例如，按下 Shift 键就不能产生一个字符）。

还有许多别的整型常量在 KeyEvent 类中被定义。例如，从 VK_0 到 VK_9 和从 VK_A 到 VK_Z 定义了与这些数字和字符等价的 ASCII 码。还有一些其他的，如 VK_ENTER、VK_ESCAPE、VK_CANCEL VK_UP、VK_DOWN、VK_LEFT、VK_RIGHT、VK_PAGE_

DOWN、VK_PAGE_UP、VK_SHIFT、VK_ALT、VK_CONTROL。

VK 常量指定了虚拟键值（virtual key codes），并且与任何 Ctrl、Shift 或 Alt 修改键不相关。

KeyEvent 类常用方法是：

char getKeyChar( )：返回一个被输入的字符。

int getKeyCode( )：返回键值。

如果没有合法的字符可以返回，getKeyChar( )方法将返回 CHAR_UNDEFINED。同样，在一个 KEY_TYPED 事件发生时，getKeyCode( )方法返回的是 VK_UNDEFINED。

7. MouseEvent 类

鼠标事件有 7 种类型。在 MouseEvent 类中定义了如下所示的整型常量来表示它们：

① MOUSE_CLICKED：用户点击鼠标。

② MOUSE_DRAGGED：用户拖动鼠标。

③ MOUSE_ENTERED：鼠标进入一个组件内。

④ MOUSE_EXITED：鼠标离开一个组件。

⑤ MOUSE_MOVED：鼠标移动。

⑥ MOUSE_PRESSED：鼠标被按下。

⑦ MOUSE_RELEASED：鼠标被释放。

MouseEvent 类常用方法有：

① int getX( )：返回在事件发生时，对应的鼠标所在坐标点的 X。

② int getY( )：返回在事件发生时，对应的鼠标所在坐标点的 Y。

③ Point getPoint( )：返回一个 Point 对象，在这个对象中以整数成员变量的形式包含了 x 和 y 坐标。

④ void translatePoint（int x，int y）：改变事件发生的位置，参数 x 和 y 作为设置的坐标。

⑤ int getClickCount( )：获得这个事件中鼠标的点击次数。

⑥ boolean isPopupTrigger( )：测试这个事件是否将引起一个弹出式菜单在平台中弹出。

12.4.3 事件源

事件源是一个产生事件的对象。在 GUI 中，事件源通常就是 GUI 组件，特别是那些可以被用户操作的组件。已经在上一节中介绍了常用的组件，下面在表 12-11 中描述常用组件可以通过哪些操作产生什么事件。

表 12-11 Java GUI 中常见的事件源

事件源	描述
按钮	在按钮被按下时，产生动作事件 ActionEvent
复选框	在复选框被选中或取消时，产生项目事件 ItemEvent
组合框	在选择项改变时，产生项目事件 ItemEvent
菜单	菜单项被选中时，产生动作事件 ActionEvent；当可复选菜单项被选中或取消时，产生项目事件 ItemEvent
列表框	在一项被双击时，产生动作事件 ActionEvent；被选择或取消时，产生项目事件 ItemEvent

续表

事件源	描述
滚动条	在滚动条被拖动时,产生调整事件 AdjustmentEvent
文本型组件	当用户输入字符时,产生文本事件 TextEvent
窗体	窗口被激活、关闭、失效、恢复、最小化、打开或退出时,产生窗口事件 WindowEvent

12.4.4 事件监听接口

前面提到,在委托事件模型中有两部分:事件源和监听器。事件源是通过实现一些在 Java.awt.event 包中被定义的接口而生成的。当一个事件产生的时候,事件源调用被监听器定义的相应的方法并提供一个事件对象作为参数。在表 12-12 中列出了常用的监听器接口,并简要说明它们所定义的方法。

表 12-12　事件监听器接口

事件监听器接口	描述
ActionListener	定义了一个接收动作事件的方法
AdjustmentListener	定义了一个接收调整事件的方法
ComponentListener	定义了四个方法来识别何时隐藏、移动、改变大小、显示组件
ContainerListener	定义了两个方法来识别何时从容器中加入或除去组件
FocusListener	定义了两个方法来识别何时组件获得或失去焦点
ItemListener	定义了一个方法来识别何时项目状态改变
KeyListener	定义了三个方法来识别何时键按下、释放和键入字符事件
MouseListener	定义了五个方法来识别何时鼠标单击、进入组件、离开组件、按下和释放事件
MouseMotionListener	定义了两个方法来识别何时鼠标拖动和移动
TextListener	定义了一个方法来识别何时文本值改变
WindowListener	定义了七个方法来识别何时窗口激活、关闭、失效、最小化、还原、打开和退出

事件处理方法就在这些监听器接口所提供的方法中实现,所以接下来介绍这些接口所定义的方法。

1. ActionListener

在这个接口中定义了 actionPerformed( )方法,当一个动作事件发生时,它将被调用。一般形式如下所示:

```
void actionPerformed(ActionEvent ae)
```

2. AdjustmentListener

在这个接口中定义了 adjustmentValueChanged( )方法,当一个调整事件发生时,它将被调用。其一般形式如下所示：
```
void adjustmentValueChanged(AdjustmentEvent ae)
```

3. ComponentListener

在这个接口中定义了四个方法，当一个组件被改变大小、移动、显示或隐藏时，它们将被调用。其一般形式如下所示：
```
void componentResized(ComponentEvent ce)
void componentMoved(ComponentEvent ce)
void componentShown(ComponentEvent ce)
void componentHidden(ComponentEvent ce)
```

4. ContainerListener

在这个接口中定义了两个方法，当一个组件被加入一个容器中时，componentAdded( )方法将被调用；当一个组件从一个容器中删除时，componentRemoved( )方法将被调用。这两个方法的一般形式如下所示：
```
void componentAdded(ContainerEvent ce)
void componentRemoved(ContainerEvent ce)
```

5. FocusListener

在这个接口中定义了两个方法，当一个组件获得键盘焦点时，focusGained( )方法将被调用；当一个组件失去键盘焦点时，focusLost( )方法将被调用。这两个方法的一般形式如下所示：
```
void focusGained(FocusEvent fe)
void focusLost(FocusEvent fe)
```

6. ItemListener

在这个接口中定义了 itemStateChanged( )方法，当一个项的状态发生变化时，它将被调用。这个方法的原型如下所示：
```
void itemStateChanged(ItemEvent ie)
```

7. KeyListener

在这个接口中定义了三个方法。当一个键被按下和释放时，相应地，keyPressed( )方法和 keyReleased( )方法将被调用。当一个字符已经被输入时，keyTyped( )方法将被调用。

例如，如果一个用户按下和释放 A 键，通常有三个事件顺序产生：键被按下、键入和释放。如果一个用户按下和释放 HOME 键，通常有两个事件顺序产生：键被按下和释放。这些方法的一般形式如下所示：
```
void keyPressed(KeyEvent ke)
void keyReleased(KeyEvent ke)
void keyTyped(KeyEvent ke)
```

8. MouseListener

在这个接口中定义了五个方法，当鼠标在同一点被按下和释放时，mouseClicked( )方法将被调用。当鼠标进入一个组件时，mouseEntered( )方法将被调用。当鼠标离开组件时，mouseExited( )方法将被调用。当鼠标被按下和释放时，相应的 mousePressed( )方法和 mouseReleased( )方法将被调用。这些方法的一般形式如下所示：

```
void mouseClicked(MouseEvent me)
void mouseEntered(MouseEvent me)
void mouseExited(MouseEvent me)
void mousePressed(MouseEvent me)
void mouseReleased(MouseEvent me)
```

9. MouseMotionListener

在这个接口中定义了两个方法，当鼠标被拖动时，mouseDragged( )方法将被调用多次。当鼠标被移动时，mouseMoved( )方法将被调用多次。这些方法的一般形式如下所示：

```
void mouseDragged(MouseEvent me)
void mouseMoved(MouseEvent me)
```

10. TextListener

在这个接口中定义了 textChanged( )方法，当文本区或文本域发生变化时，它将被调用。这个方法的一般形式如下所示：

```
void textChanged(TextEvent te)
```

11. WindowListener

在这个接口中定义了七个方法。当一个窗口被激活或禁止时，windowActivated( )方法或 windowDeactivated( )方法将相应地被调用。如果一个窗口被最小化，windowIconified( )方法将被调用。当一个窗口被恢复时，windowDeIconified( )方法将被调用。当一个窗口被打开或关闭时，windowOpened( )方法或 windowClosed( )方法将相应地被调用。当一个窗口正在被关闭时，windowClosing( )方法将被调用。这些方法的一般形式如下所示：

```
void windowActivated(WindowEvent we)
void windowClosed(WindowEvent we)
void windowClosing(WindowEvent we)
void windowDeactivated(WindowEvent we)
void windowDeiconified(WindowEvent we)
void windowIconified(WindowEvent we)
void windowOpened(WindowEvent we)
```

12.4.5 使用委托事件处理机制

当了解了事件源、事件类、事件接口后，就能够实现在 GUI 中的事件编程了，从而完成用户对 GUI 程序的操作，并使程序能响应。

基于委托事件处理模型编程十分简单。只需要如下所示三步：

① 结合 GUI，确定事件源和事件类型；

② 在监听器中实现相应的监听器接口，以便接收相应的事件；

③ 实现注册或注销（如果必要）监听器的代码，以便可以得到事件的通知。

请注意：一个事件源可能产生多种类型的事件，每一个事件都必须分别注册。当然，一个对象也可以注册接收多种事件，但是它必须实现相应的所有事件监听器的接口。

接下来根据最常用的几种事件类型作例子，具体介绍如何实现 Java GUI 的事件处理。

1. 按钮单击事件

按钮的单击操作应该是 GUI 中最常见的用户操作了，因为它提供了最简单快捷的用户操作方式。这个例子实现了以下功能：界面上有一个标签，显示一个整数；两个按钮，分别显示"加"和"减"，单击加按钮，整数加一；单击减按钮，整数减一。

【程序 12.16】

在进行 GUI 事件编程中，有几点要注意：

① 要实现事件监听器接口，必须先引用 Java.awt.event 包。

② 要为事件源注册监听器，通过事件源 addActionListener（实现监听器接口的对象）完成。

③ 要根据事件类型定义相应事件处理方法，方法内编写当用户引发了事件后，程序要完成的逻辑功能。

④ 如要在事件处理方法中访问 GUI 组件，如获取或设置标签文本，那么需要把标签定义为类的成员变量。

2. 改变选项选中事件

改变组合框、列表框、复选框、单选按钮等类型组件的选项选中状态，也是很常见的用户操作。这个例子实现以下功能：通过一个下拉列表设置标签文字的字体、一组复选框设置标签文字的字型、一组单选按钮设置标签文字的颜色。

【程序 12.17】

3. 鼠标事件

鼠标操作是当今最主要的用户输入外设操作，绝大多数应用程序都是使用鼠标进行控制的，所以掌握鼠标事件的处理是十分必要的。处理鼠标事件，必须实现 MouseListener 接口和 MouseMotionListener 接口。下面这个例子就是演示鼠标事件处理，实现的功能如下：在一个窗体中，用标签实时显示当前鼠标的位置坐标和鼠标操作。例如，当鼠标进入窗体时，显示"鼠标进入了"，并且当鼠标移动时，显示鼠标当前坐标。

【程序 12.18】

总的来说，在 GUI 中的事件处理需要确定事件类型和事件源，然后绑定相应的事件监听器接口，再实现接口中的事件处理方法。几种元素间有对应关系，所以在表 12-13 中总结了常见的事件类、事件源和监听器接口、处理方法之间的对应关系，帮助快速准确地进行 Java 的 GUI 事件编程。

表 12-13 事件类、事件源、监听器接口、事件处理方法对应关系

事件类型、事件源	事件监听器接口	事件处理方法
ActionEvent 按钮、菜单	ActionListener	actionPerformed（ActionEvent ae）
AdjustmentEvent 滚动条	AdjustmentListener	adjustmentValueChanged（AdjustmentEvent ae）
ComponentEvent 组件	ComponentListener	componentResized（ComponentEvent ce） componentMoved（ComponentEvent ce） componentShown（ComponentEvent ce） componentHidden（ComponentEvent ce）
ContainerEvent 容器	ContainerListener	componentAdded（ContainerEvent ce） componentRemoved（ContainerEvent ce）
FocusEvent 组件和容器	FocusListener	focusGained（FocusEvent fe） focusLost（FocusEvent fe）
ItemEvent 组合框、列表框、复选按钮、单选按钮	ItemListener	itemStateChanged（ItemEvent ie）
KeyEvent 键盘输入	KeyListener	keyPressed（KeyEvent ke） keyReleased（KeyEvent ke） keyTyped（KeyEvent ke）
MouseEvent 鼠标输入	MouseListener	mouseClicked（MouseEvent me） mouseEntered（MouseEvent me） mouseExited（MouseEvent me） mousePressed（MouseEvent me） mouseReleased（MouseEvent me）
	MouseMotionListener	mouseDragged（MouseEvent me） mouseMoved（MouseEvent me）
TextEvent 文本框、文本区域	TextListener	textChanged（TextEvent te）
WindowEvent 窗体	WindowListener	windowActivated（WindowEvent we） windowClosed（WindowEvent we） windowClosing（WindowEvent we） windowDeactivated（WindowEvent we） windowDeiconified（WindowEvent we） windowIconified（WindowEvent we） windowOpened（WindowEvent we）

12.5 高级 Swing 组件

Swing 提供了一些功能更强大的组件，这些组件在 GUI 设计中也常常会使用到，下面对这些组件进行介绍。

12.5.1 菜单

菜单是 GUI 程序中不可或缺的一种组件，它相当于按钮的集合，可以在很小的区域内提供很多个点击指令。Swing 通过三个类：JMenuBar、JMenu 和 JMenuItem 实现菜单的功能，它们分别对应菜单条、菜单和菜单项。如图 12-5 所示。

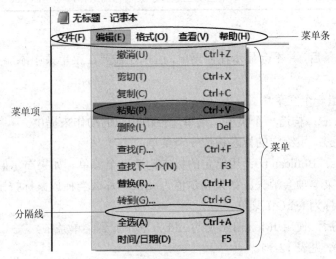

图 12-5　菜单元素示意图

如果要对一个窗体设置菜单，首先要添加一个 JMenuBar，然后在其中添加 JMenu，再在 JMenu 中添加 JMenuItem。JMenuItem 是最小单元，它不能再添加 Jmenu 或 JMenuItem。而 JMenu 是可以再添加 JMenu 的，也就子菜单。还可以添加分隔线将内部成员分隔开，如图 12-3 中的 Seperator。

接下来分别介绍 Swing 菜单的三个元素。

1. 菜单条 JMenuBar

JMenuBar 的构造方法是 JMenuBar( )。在构造之后，还要将它设置成窗口的菜单条，这里要用 setJMenuBar 方法，如下所示：

```
JMenuBar TestJMenuBar=new JMenuBar( );
TestFrame.setJMenuBar(TestJMenuBar);
```

需要说明的是，JMenuBar 类根据 JMenu 添加的顺序从左到右显示，并建立整数索引。JMenuBar 常用方法见表 12-14。

表 12-14　JMenuBar 类常用方法

方　　法	描　　述
add（JMenu c）	将指定的菜单添加到菜单栏的末尾
getMenu（int index）	获取菜单栏中指定位置的菜单
getMenuCount（）	获取菜单栏上的菜单数
setHelpMenu（JMenu menu）	设置用户选择菜单栏中的"帮助"选项时显示的帮助菜单

续表

方　法	描　述
getHelpMenu()	获取菜单栏的帮助菜单
setSelected(Component sel)	设置当前选择的组件，更改选择模型
isSelected()	如果当前已选择了菜单栏的组件，则返回 true

2. 菜单 JMenu

在添加完菜单条后，并不会显示任何菜单，所以还需要在菜单条中添加菜单。菜单 JMenu 类的构造方法有 4 种：

JMenu()：构造一个空菜单。

JMenu(Action a)：构造一个菜单，菜单属性由相应的动作来提供。

JMenu(String s)：用给定的标志构造一个菜单。

JMenu(String s，Boolean b)：用给定的标志构造一个菜单。如果布尔值为 false，那么当释放鼠标按钮后，菜单项会消失；如果布尔值为 true，那么当释放鼠标按钮后，菜单项仍将显示。这时的菜单称为 tearOff 菜单。

在构造完菜单后，使用 JMenuBar 类的 add 方法添加到菜单条中。

JMenu 常用方法见表 12-15。

表 12-15　JMenu 类常用方法

方　法	描　述
add(Component c)	将组件追加到此菜单的末尾，并返回添加的控件
add(Component c，int index)	将指定控件添加到此容器的给定位置上，如果 index 等于 -1，则将控件追加到末尾
add(String s)	创建具有指定文本的菜单项，并将其追加到此菜单的末尾
addSeparator()	将新分隔符追加到菜单的末尾
insert(String s，int pos)	在给定的位置插入一个具有指定文本的新菜单项
insert(JMenuItem mi，int pos)	在给定的位置插入指定的 JMenuitem
insertSeparator(int index)	在指定的位置插入分隔符
getItem(int pos)	获得指定位置的 JMenuItem，如果位于 pos 的组件不是菜单项，则返回 null
getItemCount()	获得菜单上的项数，包括分隔符
remove(JMenuItem item)	从此菜单移除指定的菜单项，如果不存在弹出菜单，则此方法无效
remove(int pos)	从此菜单移除指定索引处的菜单项
getPopupMenu()	获得与此菜单关联的弹出菜单，如果不存在，将创建一个弹出菜单
addMenuListener(MenuListener l)	添加菜单事件的监听器

3. 菜单项（JmenuItem）

接下来的工作是往菜单中添加内容。在菜单中可以添加不同的内容，可以是菜单项（JMenuItem），可以是一个子菜单，也可以是分隔符。子菜单的添加是直接将一个子菜单添加到母菜单中，而分隔符的添加只需要将分隔符作为菜单项添加到菜单中。

JMenuItem 本质上是一个继承自 AbstractButton 的按钮，不过它又不完全等同于按钮。当鼠标经过某个菜单项时，Swing 就认为该菜单项被选中，但并不会触发任何事件。

JMenuItem 可以包含图像或者完全由图像构成，通过向 JMenuItem 的构造器传递一个 Icon 对象，即可创建一个带图标的菜单项。

JMenuItem 构造方法常用的有四种：

JMenuItem（Icon icon）：创建带有指定图标的 JMenuItem；

JMenuItem（String text）：创建带有指定文本的 JMenuItem；

JMenuItem（String text，Icon icon）：创建带有指定文本和图标的 JMenuItem；

JMenuItem（String text，int mnemonic）：创建带有指定文本和快捷键的 JMenuItem。

默认情况下，新创建的 JMenuItem 的文字位于图像的左侧，也可以使用 setHorizontalTextAlignment 方法用来改变文本与图像的位置。

JMenuItem 主要处理 ActionEvent 事件，其在菜单项被点击时触发，通过在 JMenuItem 对象中添加 ActionListener 实现。

下面通过一个例子来了解 Swing 菜单组件的使用。这个例子在窗体中建立了一个菜单条，有若干菜单，其中"选项"菜单里有一个子菜单"改变前景色"。这个子菜单里又有四个带图标的菜单项，点击这四个菜单项会引发事件，改变标签"我是一个菜单例子"的文本颜色。

【程序 12.19】

12.5.2 工具栏 JToolBar

工具栏用来放置各种常用的功能或控制组件，这个功能在各类软件中都可以很轻易地看到。一般在设计软件时，会将所有功能依类放置在菜单（JMenu）中，但当功能数量相当多时，可能造成用户操作一个简单的操作就必须反复地寻找菜单中相关的功能，这将造成用户操作上的负担。若能将一般常用的功能以工具栏方式呈现在菜单下，让用户很快得到他想要的功能，不仅增加用户使用软件的意愿，也加速工作的运行效率。这就是使用 ToolBar 的好处。图 12-6 显示了 Word 中的工具栏，这是工具栏的典型样例。

图 12-6　Word 中的工具栏

Swing 提供的工具栏组件叫 JToolBar，它的使用方法和 JMenu 的有些相似。JToolBar 提供了四种构造方法：

JToolBar( )：建立一个新的 JToolBar，显示位置为默认的水平方向。

JToolBar（int orientation）：建立一个指定显示位置的 JToolBar，显示位置为水平或垂直方向。

JToolBar（String name）：建立一个指定名称的 JToolBar。

JToolBar（String name，int orientation）：建立一个指定名称和指定显示位置的 JToolBar。

在默认情况下，工具栏是可以浮动的。所以，如果使用水平方向创建一个工具栏，用户可以在窗口周围拖动工具栏来改变工具栏的方向。

当在窗体里创建了一个 JToolBar 后，需要向其中添加组件，并且绝大多数的组件都可以添加到工具栏，常见的是按钮、标签、组合框、弹出式菜单等。当处理水平工具栏时，由于美观的原因，工具栏的组件都设置为相同的高度是最好的。而对于垂直工具栏，工具栏组件设置为相同的宽度则是最好的。JToolBar 类从 Container 继承了 add（Component）方法用于添加工具栏项目。另外，还可以向工具栏添加分隔线。

工具栏本质上是组件的容器，因此其事件处理就是对工具栏里的组件的事件处理。

下面通过这个例子来演示工具栏的创建，在这个例子中，工具栏将添加四个按钮、一个组合框和一个文本框。

【程序 12.20】

12.5.3 树形组件 JTree

树结构是一种十分常见的数据结构，GUI 程序常常需要用树结构来表示数据，例如 Windows 里的资源管理器，就是一个典型的树结构的 GUI 显示。

JTree 就是一个将数据显示为树形结构的组件，其常用的构造方法有：

JTree( )：创建带有示例模型的 JTree。

JTree（Object[]value）：创建 JTree，指定数组的每个元素作为不被显示的新根节点的子节点。

JTree（TreeModel newModel）：创建 JTree 的一个实例，它显示根节点，并使用指定的数据模型创建树。

JTree（TreeNode root）：创建 JTree，指定一个 TreeNode 作为其根，它显示根节点。

JTree（TreeNode root，boolean asksAllowsChildren）：创建一个 JTree，指定的 TreeNode 作为其根，它用指定的方式显示根节点，并确定节点是否为叶节点。

其中有两个最常用的构造方法：

① 使用 TreeNode 构造树。在这种方法中，JTree 上的每一个节点就是一个 TreeNode 对象。TreeNode 是一个接口，里面定义了若干有关节点的方法，如判断树叶节点、有几个子节点、获得父节点等。在构造树的过程中，需要定义一个节点类来实现 TreeNode。

② 由于 TreeNode 是一个接口，但并不是人人都需要自定义一个节点类来实现这个接口，

所以 Java 也提供了一个实现 TreeNode 的类来帮助创建树，这就是常用的第二种方法——使用 DefaultMutableTreeNode 类来构建树。DefaultMutableTreeNode 类实现了 MutableTreeNode 接口，而 MutableTreeMode 接口又继承了 TreeNode 接口，所以实质上 DefaultMutableTreeMode 类就是 Java 提供的那个默认的节点类，它通过一个 UserObject 来作为节点存储的数据，然后再提供对节点的各种处理方法，如新增节点、删除节点、设置节点等。

下面使用 DefaultMutableTreeNode 类来构造一个 JTree，以树结构显示某个文件目录下的子目录和文件列表。

【程序 12.21】

12.5.4 表格组件 JTable

GUI 中另一个常用的数据表示组件就是表格，用以显示结构化的大块数据，例如关系数据库中的数据表。Swing 提供的 JTable 就是将数据以表格的形式显示给用户看的一种组件，它包括行和列，其中每列代表一种属性，而每行代表的是一个实体。在 JTable 中，默认情况下列会平均分配父容器的宽度，可以通过鼠标改变列的宽度，还可以交换列的排列顺序，当然，这些都可以通过代码进行限定和修改。

JTable 常用的构造方法有四种：

JTable( )：构造一个默认的 JTable，使用默认的数据模型、默认的列模型和默认的选择模型对其进行初始化。

JTable（int numRows，int numColumns）：使用 DefaultTableModel 构造具有 numRows 行和 numColumns 列个空单元格的 JTable。

JTable（Object[][]rowData，Object[]columnNames）：构造一个 JTable 来显示二维数组 rowData 中的值，其列名称为 columnNames。

JTable（TableModel dm）：构造一个 JTable，使用数据模型 dm、默认的列模型和默认的选择模型对其进行初始化。

先介绍使用二维数组初始化数据表的方式，这可以处理一些较简单的数据显示。

【程序 12.22】

程序 12-22 中的数组 data 包含了构成表格的数据，ColumeNames 对应表格的表头部分。

由于 Java swing 采用了 MVC 的设计模式，所以 JTable 只用于视图展示，并不存储数据，真正用来存储和维护数据的是数据模型 TableModel。所以对于较复杂的数据表来说，用 TableModel 构造 JTable 是常用的方式。

TableModel 是一个接口，定义了包括存取表格单元内容、计算表格列数等若干基本操作，让设计者可以简单地利用 TableModel 来实现想要的表格。与 JTree 类似，Swing 提供了类 DefaultTableModel 作为对 TableModel 的实现，它使用一个 Vector 来存储所有单元格的值，该 Vector 由包含多个 Object 的 Vector 组成。除了将数据从应用程序复制到 DefaultTableModel 中之外，还可以用 TableModel 接口的方法来包装数据，这样可将数据直接传递到 JTable。这通常可以提高应用程序的效率，因为模型可以自由选择最适合数据的内部表示形式。

下面这个例子使用 DefaultTableModel 类改进程序 12-22，实现增加行和删除行的功能。

【程序 12.23】

在这个例子中，单击"增加行"按钮后，数据表将显示一个新的空白行，用鼠标双击相应单元格可输入文本；单击"删除行"按钮后，数据表将最后一行数据从数据表中删除。而且这个改变对于数据表和数据模型是同步的。

程序实作题

1. 设计一个程序，用两个 JTextField 输入 x、y，并利用数学函数计算 x^y，将结果显示在一个 JLabel 中。

2. 设计一个程序，该程序拥有一个 JComboBox 控件，并且 JComboBox 有选项："Apple" "Banana" "Orange" "Pear" "Lemon"，请实现将 JComboBox 中选择的选项显示在一个 JLabel 中。

3. 设计一个程序，使用 JTextField 输入一个文本（字符串），当单击一个按钮后，将该文本添加到一个 JComboBox 当中。

4. 设计一个程序，该程序拥有一个 JComboBox 控件，并且 JComboBox 有选项 "Binary" "Octa" "Hex"，分别表示 "二进制" "八进制" "十六进制"，在选择相应进制后，通过 JTextField 输入一个十进制数，单击一个按钮后，将该十进制数转换为相应的进制数，并显示在 JLabel 中。

5. 使用 Swing，模拟实现一个可视化的简单计算器，至少提供包括加法、减法、乘法、除法等基本操作，希望能支持包括正负号、平方根、清零等其他功能。

6. 模拟实现一个简单的文本编辑器，可输入文本并能调整文本的字体、颜色、大小等。

第 13 章 Java 与图形

学习目标

在本章中将学习以下内容：
- 使用 Graphics 类绘制基本图形
- 使用 Image 类创建和显示图像

在前面的章节介绍了 GUI 图形用户界面。在 Java 中也经常进行图形的绘制与图像的运用。在 Java 中绘制基本图形与使用图像，主要用到两个类：Graphics 类和 Image 类，而这两个类位于 Java.awt 包中。下面将对这两个类进行详细讲解。

13.1 Graphics 类

Graphics 类提供基本的几何图形绘制方法，主要有：画线段、画矩形、画圆、画带颜色的图形、画椭圆、画圆弧、画多边形、画字符串等。这些所有的图形都会被画在相关联的窗口，而这些相关联的窗口可能是一个小应用程序的主窗口，也可能是一个小应用程序的子窗口，或者是一个独立应用程序的窗口。在本章下面的例子中，将在一个小应用程序的主窗口中示范图形。不过，请注意，这些技术也可以被用到别的窗口中。

13.1.1 画线段

在窗口中画线段可以使用 Graphics 类中的 drawLine( ) 方法，方法的语法如下所示：

```
void drawLine(int startX, int startY, int endX, int endY)
```

drawLine( ) 方法将用当前的颜色以（startX,startY）为起点、（endX，endY）为终点画一条直线。注意：这里坐标点的原点即（0,0）点位于窗口的左上角，以像素为单位。下面的例子演示了如何在小程序的窗口中画线。

【程序 13.1】

13.1.2 画矩形

可以使用 Graphics 类在窗体上画矩形，可绘制的矩形有两种：普通的矩形和圆角矩形。

1. 画普通矩形

使用 drawRect( )可以用来绘制一个矩形的轮廓,语法如下所示:

```
void drawRect(int top, int left, int width, int height)
```

drawRect( )方法的参数列表由四个参数构成,分别代表了所绘制的矩形的左上角点和窗体上沿的距离 top、所绘制的矩形的左上角点和窗体左沿的距离 left、所绘制矩形的宽度 width、所绘制矩形的高度 height。下面的程序实例画出一个红色的矩形轮廓。

【程序 13.2】

2. 画一个填充了颜色的矩形

使用 fillRect( )可以绘制一个矩形的轮廓,语法如下所示:

```
fillRect(int x,int y,int width,int height)
```

fillRect( )方法的参数列表由四个参数构成,与 drawRect( )的参数列表相同。下面的程序实例画出一个红色的矩形。

【程序 13.3】

3. 画圆角矩形

使用 drawroundRect( )可以绘制一个圆角矩形的轮廓,语法如下所示:

```
drawRoundRect(int x,int y,int width,int height,int arcW,int arcH)
```

drawroundRect( )方法的参数列表由六个参数构成,前四个参数与 drawRect( )的参数列表相同。arcW、arcH 分别为所绘矩形圆角的宽和高。下面的程序实例画出一个红色的圆角矩形。

【程序 13.4】

4. 画填充了颜色的圆角矩形

使用 fillRoundRect( )可以绘制一个填充了颜色的圆角矩形的轮廓,语法如下所示:

```
fillRoundRect (int x,int y,int width,int height,int arcW,int arcH)
```

fillRoundRect( )方法的参数列表由六个参数构成,与 drawRoundRect 的参数列表相同。下面的程序实例画出一个红色的圆角矩形。

【程序 13.5】

13.1.3 绘制圆和椭圆

与绘制矩形一样,也可以绘制圆形和椭圆形。可以使用如下的方法进行绘制:drawOval( )绘制一个椭圆形的轮廓,使用 fillOval( )方法绘制填充了颜色的椭圆。这些方法的语法如下所示:

```
void drawOval(int top, int left, int width, int height)
void fillOval(int top, int left, int width, int height)
```

可以看出 drawOval( )、fillOval( )方法的参数相同,椭圆被绘制在一个矩形范围内,这个矩形的左上角是(top,left),而大小由参数 width 和 height 确定。绘制圆形时,只需指定矩形为一个正方形。下面来看一个程序例子:

【程序 13.6】

13.1.4 绘制弧形

Graphics 类绘制弧形的函数有两个:drawArc( )和 fillArc( ),前一个用于绘制无填充色的弧形,后一个用于绘制有填充色的弧形。方法的语法如下所示:

```
drawArc(int x,int y,int width,int height,int anglestart,int angleend)
fillArc (int x,int y,int width,int height,int anglestart,int angleend)
```

方法中有六个参数,其中 x、y 表示该圆弧外接矩形的左上角坐标;width、height 表示该圆弧外接矩形的宽和高;anglestart、angleend 表示该圆弧的起始角和终止角,单位为"度"。"0"(零)度角为 x 轴的正方向,正的角度按逆时针方向旋转,负的角度按顺时针方向旋转。下面来看一个程序例子:

【程序 13.7】

13.1.5 绘制多边形

graphics 类绘制多边形的函数有两个:DrawPolygon( )和 fillPolygon( ),前一个用于绘制无填充色的多边形,后一个用于绘制有填充色的多边形。

方法的语法如下所示:

```
drawPolygon(int x[],int y[],n)
fillPolygon(int x[],int y[],n)
```
这两个方法的参数列表中，n 表示多边形的顶点个数加 1。X[]，y[]表示多边形中 n 个顶点的坐标值。下面来看一个程序例子：

【程序 13.8】

13.2 Image 类

上面所介绍的 Graphics 类只能画一些比较简单的基本图形，如果要画出 Gif 格式或者 JPEG 格式的复杂图像，需要用到 Image 类。

Images 是 Image 类的对象，而 Image 类是 Java.awt 包的一部分。Images 由 Java.awt.image 中的类对其进行操作。Java.awt.image 定义了一大批类和接口，一一对它们进行研究是不可能的，因此就其中最简单的部分进行讲解。

13.2.1 创建图像对象

Java.awt 的 Component 类有一个叫作 createImage( )的方法用来生成图像对象（记住：所有的 AWT 组件都是 Component 类的子类，因此它们都支持该方法）。CreateImage( )方法有如下两种形式：

```
Image createImage(ImageProducer imgProd)
Image createImage(int width, int height)
```

第一种形式返回由 imgProd 产生的图像。imgProd 是一个实现 ImageProducer 接口的类的对象（稍后将讨论 producers）。第二种形式返回具有指定宽度和高度的空图像，如下例所示。

```
Canvas c = new Canvas( );
Image test = c.createImage(200, 100);
```

上例生成了一个画布 Canvas 实例，然后调用 createImage( )方法来实际生成一个 Image 对象。这里，图像是空白的，以后将会看到如何对它写数据。

13.2.2 显示图像

可以用 drawImage( )方法来显示一个图像，drawImage( )方法是 Graphics 类中的一个方法，下面是使用 drawImage( )方法的一个形式。

```
boolean drawImage(Image imgObj, int left, int top, ImageObserver imgOb)
```

drawImage( )实现的功能是显示图片，它显示由 imgObj 参数所传递的图片对象，显示图片的位置由第二个参数 left、第三个参数 top 所决定，这两个参数决定了图片左上角的位置。imgOb 是一个实现了 ImageObserver 接口的类的引用。这个接口由所有的 AWT 组件所实现。

一个 image observer 是一个对象，它能够在图像被加载时对其进行监控。

一般使用 createImage( )方法和 drawImage( )方法加载并且显示图像，下面这个例子就是加载并显示一个名为 sunset.jpg 的图像，图像的名称可根据所要显示的图像进行改变（只要保证这个图片文件所在的位置与小程序的 HTML 文件在同一目录下）。

【程序 13.9】

当这个小应用程序运行时，它在 init( )方法中启动加载 img。在屏幕上能看到正从网络上下载的图像，因为每当更多的图像数据到达时，Applet 对 ImageObserver 接口的实现就会调用 paint( )方法。用这种方法，只要图像被完整地加载，就能简单地在屏幕上立即显现。可以一边用其他信息在屏幕上画图，同时用 ImageObserver 来监控图像的加载。如果利用加载图像的时间去并行完成其他的事情，可能会更好。

程序实作题

1. 绘制一个平面直角坐标系，以坐标（100，100）为圆心，画一个半径为 100 的圆和它的内切矩阵，并填充该矩阵。
2. 加载和显示一个 jpg 格式图像。

第 14 章 Java 中的数据库操作

学习目标

在本章中将学习以下内容：
- 了解 JDBC
- 使用 JDBC 与 MySQL 数据库进行连接
- 使用 JDBC 创建数据库连接
- 使用 JDBC 进行数据库查询
- 使用 JDBC 执行数据库操作，数据的插入、修改、删除

14.1 了解 JDBC

数据库访问几乎每一个稍微成型的程序都要用到的知识，怎么使用 Java 高效地访问数据库也是学习的一个重点。Java 访问数据库主要用的方法是 JDBC。

14.1.1 什么是 JDBC

JDBC（Java Database Connectivity，JDBC）是 Java 语言中用来规范客户端程序如何来访问数据库的应用程序接口，提供了诸如查询和更新数据库中数据的方法。JDBC 是面向关系型数据库的。简单地说，就是用于执行 SQL 语句的一类 Java API，通过 JDBC 可以直接使用 Java 编程来对关系数据库进行操作。通过封装，可以使开发人员使用纯 Java API 完成 SQL 的执行。下面先来看看 JDBC 的特点：

（1）在 SQL 水平上的 API

JDBC 是为 Java 语言定义的一个 SQL 调用层界面 CLI（Call Layer Interface），其目的是在 Java 程序中执行基本的 SQL 语句和取回结果，然后在应用程序进行处理。在 CLI 基础上有更高层次上的 API，其中实现的接口包括直接将基本表与 Java 中的类相对应、更多的通用查询的语义树表示及 Java 语言的嵌入式 SQL 语法等。

（2）与 SQL 的一致性

一般的数据库系统都在很大范围内支持 SQL 的语义语法，但它们支持的一般都只能是 SQL 全集中的一个子集，而许多更强的功能如外部连接和存储过程等的表现与标准 SQL 不一致。为了解决与 SQL 的一致性问题，JDBC API 采用了三种方法：第一种方法是允许使用任何形式的查询字符串，这意味着可以使用尽可能多的 SQL 功能，不过这样会导致一些数据库管理系统出现错误；第二种方法是借助 DataBaseMetaData 接口获取有关数据库管理系统的详细信息，使应用能适应不同的数据库管理系统的需求和能力；第三种方法是采用与 ODBC 风

格类似的例外条款，它提供了表示常见 SQL 以外的标准 JDBC 语法，如日期文字表示和定义存储过程的例外条款。

（3）可在现有数据库接口上实现

JDBC API 保证能在普通 SQL API 上实现，如 ODBC，这使 JDBC 的功能更加丰富，尤其在 OUT 参数及大的数据块的处理上。

（4）提供一致的 Java 界面

JDBC 提供了与 Java 系统其他部分一致的 Java 界面，这对 Java 来说具有非常积极的意义，这在很大程度上意味着 Java 与运行系统是一致的。

（5）简单化

JDBC 在实现上使基本 API 最大可能地进行了简单化，这表现在大多数情况下使用简单的结构实现特定的任务，或者说是为特定任务只提供一种方案而不是多种复杂方案，JDBC API 仍在不断发展，以实现和完善更多的功能。

（6）使用健壮、静态的通用数据类型

JDBC API 使用健壮的数据类型并且很多类型的信息采用静态表达，这样在编译时就可捕捉许多错误。但是 SQL 本身使用动态数据类型，在程序运行时就不能避免地出现类型不匹配的问题，例如，在不知道所操作数据库的结构的情况下就可能发生 SELECT 语句返回与程序员希望不同的数据类型。不过，在 JDBC API 中为用户提供了检查数据库信息的方法，用户可以先使用这些方法来获得数据库的详细信息，然后再对数据库进行操作，这样再编译时就可进行数据类型的静态检查，同时在需要的情况下也提供了对动态数据类型的支持。

14.1.2 JDBC 数据库设计模型

JDBC API 支持两种应用方式：Java 应用程序和 Java 小应用程序，JDBC 应用程序模型如图 14-1 所示。

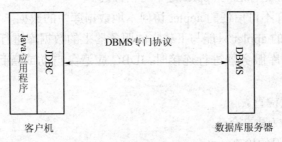

图 14-1 JDBC 两层应用模型

在两层应用模型中，Java 应用程序通过 JDBC 与特定的数据库服务器进行连接，在此方式下要求 JDBC 能够与运行于特定数据库服务器上的 DBMS 进行通信。用户通过 Java 应用程序将 SQL 语句传递给特定的数据库，并将结果返回给用户数据库，可以存放在本地机或者是网络服务器上。Java 应用程序也可以通过网络访问远程数据库，如果数据库存放于网络计算机上，则是典型的客户/服务器模型应用，Java 应用程序最广泛的应用领域就是 Intranet。JDBC 小应用程序模型如图 14-2 所示。

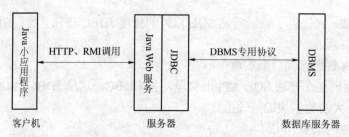

图 14-2 JDBC 三层应用模型

在三层应用模型中，客户通过浏览器调用 Java 小应用程序。小应用程序通过 JDBC API 提出 SQL 请求，该请求首先传送给提供调用小应用程序的 Web 服务器。在服务器端通过 JDBC 与特定数据库服务器上的数据库进行连接，由数据服务器处理该 SQL 语句，然后将结果返回给 Web 服务器，最后由服务器将结果发送给用户，用户在浏览器中阅读获得的结果。

三层模型为用户提供了方便，用户可以使用易用的高级 API，然后由中间层将其转换为低级调用，而不用关心低级调用的复杂细节问题。在许多情况下，三层模型可以提供更好的性能及更好的安全保证。

14.1.3 JDBC 安全性

使用 JDBC 可以开发 Java 应用程序和 Java 小应用程序，两种不同的方式体现不同的安全性。作为网络应用，安全性是必须考虑的问题。Java 应用程序是本地代码，因而是可信任的，也是安全的。可信任的 Java 小应用程序也是安全的，对于不可信任的 Java 小应用程序，则不允许访问本地机上的文件或其他网络资源。

对于一个普通的 Java 应用程序，使用 JDBC 可以快速从本地路径安装需要的驱动程序，同时会允许应用程序自由访问文件和网络资源；在 applet 中使用 JDBC API 则必须遵守 applet 的安全模式。标准 applet 的安全模式包括如下内容：

① JDBC 必须保证无标志的 applet 是不可信任的。
② JDBC 应不允许不可信任的 applet 访问本地数据库中的数据。
③ 一个不可信任的 applet 只能与下载它的服务器上的数据库进行连接。
④ 在与远程数据库服务器进行连接时，JDBC 应避免自动或盲目使用本地机上的私有信息。
⑤ 共享 TCP 连接检查。
⑥ 本地文件访问权限的检查。
⑦ 本地文件写权限的检查。

14.1.4 JDBC 的内容

JDBC 的核心是为用户提供 Java API 类库，让用户能够创建数据库连接、执行 SQL 语句、检索结果集、访问数据库元数据等，Java 程序开发人员可以利用这些类库来开发数据库应用程序。

JDBC API 中主要包括了以下类和接口：

① Java.sql.Connection，用于建立与特定数据库的连接，一个连接就是一个会话，建立连

接后,便可以执行 SQL 语句和获得检索结果。

② Java.sql.CallableStatement,用于执行 SQL 存储过程。

③ Java.sql.DatabaseMetaData,与 Java.sql.ResultSetMetaData 一同用于访问数据库的元信息。

④ Java.sql.Date,该类是标准 Java.util.Date 的一个子集,用于表示与 SQL DATE 相同的日期类型,该日期不包括时间。

⑤ Java.sql.Driver,定义一个数据库驱动程序的接口。

⑥ Java.sql.DataTruncation,在 JDBC 遇到数据截断的例外时,报告一个警告(读数据时)或产生一个例外(写数据时)。

⑦ Java.sql.DriverManager,用于管理 JDBC 驱动程序。

⑧ Java.sql.DriverPropertyInfo,高级程序设计人员通过 DriverPropertyInfo 与 Driver 进行交流,可使用 getDriverPropertyInfo,获取或提供驱动程序的信息。

⑨ Java.sql.Time,是标准 Java.util.Date 的一个子集,用于表示时分秒。

⑩ Java.sql.PreparedStatement,创建一个可以编译的 SQL 语句对象,该对象可以被多次运行,以提高执行的效率。

⑪ Java.sql.ResultSet,用于创建表示 SQL 语句检索结果的结果集,用户通过结果集完成对数据库的访问。

⑫ Java.sql.SQLException,对数据库访问时产生的错误的描述信息。

⑬ Java.sql.SQLWarning,对数据库访问时产生的警告的描述信息。

⑭ Java.sql.Types,定义了表示 SQL 类型的常量,这些常量的值与 XOPEN 中的值相同。

⑮ Java.sql.Statement,一个 Statement 对象用于执行静态 SQL 语句,并获得语句执行后产生的结果。

⑯ Java.sql.Timestamp,标准 Java.util.Date 类的扩展,用于表示 SQL 时间戳并增加了一个能表示纳秒的时间域。

JDBC API 可以分为两种类型:面向应用程序设计人员的 API 和面向驱动程序设计人员的 API。它们的功能如图 14-3 所示。

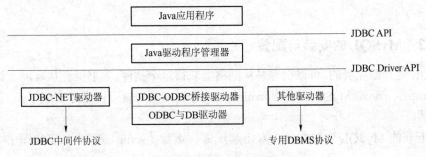

图 14-3 JDBC API 结构

面向应用程序设计人员的 API 使得程序设计人员能够创建与数据库的连接,执行 SQL 语句并获得返回的结果。JDBC Driver API 提供给面向驱动程序设计人员,如果需要创建一个数据库驱动,程序只须实现 JDBC 提供的抽象类就可以了。也就是说,创建驱动程序需要实现

Java.sql.CallableStatement、Java.sql.Connection、Java.sql.PreparedStatement、Java.sql.ResultSet 等主要接口。

14.2 JDBC 的应用

Java 中使用 JDBC 可以对不同的数据库进行各种操作,接下来将以 MySQL 数据库为例讲解如何使用 JDBC 对 MySQL 数据库进行操作。

14.2.1 初步认识 MySQL

MySQL 是一个关系型数据库管理系统,由瑞典 MySQL AB 公司开发,目前属于 Oracle 旗下产品。MySQL 是最流行的关系型数据库管理系统之一,在 Web 应用方面,MySQL 是最好的 RDBMS(Relational Database Management System,关系数据库管理系统)应用软件。

MySQL 是一种关系数据库管理系统,关系数据库将数据保存在不同的表中,而不是将所有数据放在一个大仓库内,这样就增加了速度并提高了灵活性。

MySQL 所使用的 SQL 语言是用于访问数据库的最常用标准化语言。MySQL 软件采用了双授权政策,分为社区版和商业版。由于其体积小、速度快、总体拥有成本低,尤其是开放源码这一特点,一般中小型网站的开发都选择 MySQL 作为网站数据库。MySQL 的特点如下。

① MySQL 是开源的,所以不需要支付额外的费用。

② MySQL 支持大型的数据库。可以处理拥有上千万条记录的大型数据库。

③ MySQL 使用标准的 SQL 数据语言形式。

④ MySQL 允许用于多个系统上,并且支持多种语言。这些编程语言包括 C、C++、Python、Java、Perl、PHP、Eiffel、Ruby 和 Tcl 等。

⑤ MySQL 支持大型数据库,支持 5 000 万条记录的数据仓库,32 位系统表文件最大可支持 4 GB,64 位系统支持最大的表文件为 8TB。

⑥ MySQL 是可以定制的,采用了 GPL 协议,可以通过修改源码来开发自己的 MySQL 系统。

14.2.2 MySQL 的安装与配置

MySQL 是开源免费的,可以很容易从网络上获得这个软件,本书推荐从官网上进行下载,网址为:https://www.MySQL.com/downloads/,下载完成后就可以进行安装了,下面是安装步骤与图解。

打开下载的 MySQL 安装文件,双击解压缩,运行"setup.exe",出现如图 14-4 所示的界面。

这时 MySQL 安装向导启动,按"Next"按钮继续后出现如图 14-5 所示的界面,选择安装类型,有"Typical(默认)""Complete(完全)""Custom(用户自定义)"三个选项,通常选择"Custom"。

第 14 章 Java中的数据库操作

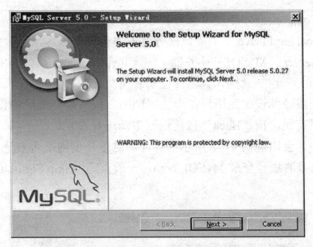

图 14-4　MySQL 安装向导界面

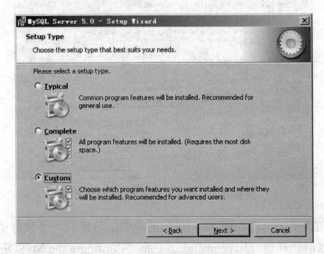

图 14-5　MySQL 安装类型

选择了"Custom（用户自定义）"后，出现如图 14-6 所示界面。

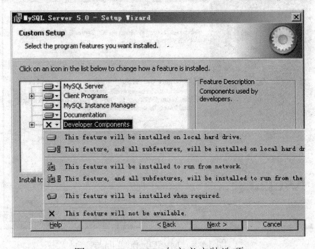

图 14-6　MySQL 自定义安装选项

在"Developer Components（开发者部分）"上单击，选择"This feature, and all subfeatures, will be installed on local hard drive."，即"此部分及下属子部分内容，全部安装在本地硬盘上"。上面的"MySQL Server（MySQL 服务器）""Client Programs（MySQL 客户端程序）""Documentation（文档）"也如此操作，以保证安装所有文件。点选"Change..."，手动指定安装目录，所有的选项路径都设定完毕后，单击"Next"按钮确定最后的设置，单击"Install"按钮开始安装。如果有误，按"Back"按钮返回重新进行设定。

在安装的过程中，会出现图 14-7 所示的界面。这里是询问是否要注册一个 MySQL.com 的账号，或是使用已有的账号登录 MySQL.com，一般点选"Skip Sign-Up"，按"Next"按钮略过此步骤。

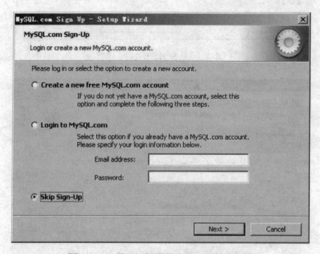

图 14-7　是否需要注册 MySQL 账号

现在软件安装完成了，出现如图 14-8 所示的界面，这里有一个很好的功能，即 MySQL 配置向导，不用像以前一样自己配置 my.ini 了。将"Configure the MySQL Server now"前面的勾打上，单击"Finish"按钮结束软件的安装并启动 MySQL 配置向导。

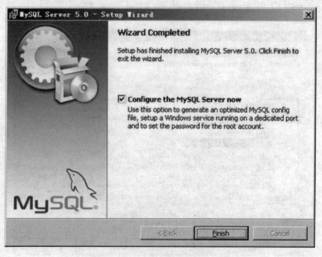

图 14-8　MySQL 配置向导

选择配置方式："Detailed Configuration（手动精确配置）""Standard Configuration（标准配置）"，这里选择"Detailed Configuration"，方便熟悉配置过程。

图 14-9 显示服务器类型，一共有三种类型："Developer Machine（开发测试类型，MySQL 占用很少资源）""Server Machine（服务器类型，MySQL 占用较多资源）""Dedicated MySQL Server Machine（专门的数据库服务器，MySQL 占用所有可用资源）"，根据自己的类型进行选择，一般选"Server Machine"，不会太少，也不会占满。

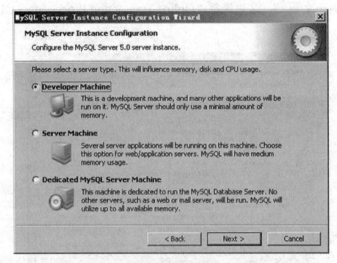

图 14-9　MySQL 配置中的服务器类型选择

接下来如图 14-10 所示，选择 MySQL 数据库的大致用途，"Multifunctional Database（通用多功能型）""Transactional Database Only（服务器类型，专注于事务处理）""Non-Transactional Database Only（非事务处理型，较简单，主要做一些监控、记数用，对 MyISAM 数据类型的支持仅限于 non-transactional），可以根据自己的用途进行选择，这里选择"Transactional Database Only"，按"Next"按钮继续。

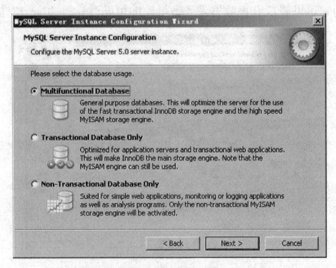

图 14-10　MySQL 配置中的数据库用途

接下来需要对 InnoDB Tablespace 进行配置,就是为 InnoDB 数据库文件选择一个存储空间,如果修改了,要记住位置,重装的时候要选择一样的地方,否则可能会造成数据库损坏。当然,对数据库做备份就没问题了,这里不详述。使用默认位置,直接按"Next"按钮继续。

图 14-11 选择应用的一般 MySQL 访问量和同时连接的数目,"Decision Support(DSS)/OLAP(20 个左右)""Online Transaction Processing(OLTP)(500 个左右)""Manual Setting(手动设置,自己输一个数)",这里选择"Online Transaction Processing(OLTP)",按"Next"按钮继续。

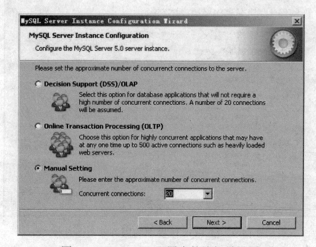

图 14-11 MySQL 配置中的访问量设置

接下来的步骤如图 14-12 所示,设置否启用 TCP/IP 连接,设定端口,如果不启用,就只能在自己的机器上访问 MySQL 数据库了,这里选择启用,把前面的勾打上。Port Number:3306。在这个页面上,还可以选择"Enable Strict Mode"(启用标准模式),这样 MySQL 就不会允许细小的语法错误。这里建议取消标准模式以减少麻烦。但熟悉 MySQL 以后,尽量使用标准模式,因为它可以降低有害数据进入数据库的可能性。按"Next"按钮继续。

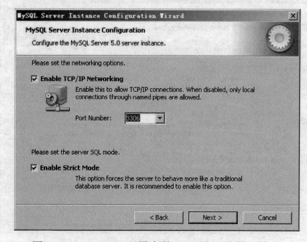

图 14-12 MySQL 配置中的 TCP 端口设置与模式

接下来如图 14-13 所示,进行文字编码的设置,第一个是标准西文编码,支持英语及大部分欧洲文字,第二个是多字节的通用 utf8 编码,都不是通用的编码,这里选择第三个。然后在"Character Set"中选择或填入"gbk",当然也可以用"gb2312",区别就是 gbk 的字库容量大,包括了 gb2312 的所有汉字,并且加上了繁体字,按"Next"按钮继续。

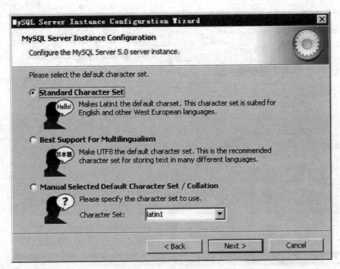

图 14-13　MySQL 配置中的文字编码

接下来选择是否将 MySQL 安装为 Windows 服务,还可以指定 Service Name(服务标识名称),是否将 MySQL 的 bin 目录加入 Windows PATH(加入后,就可以直接使用 bin 下的文件,而不用指出目录名,比如连接,"MySQL.exe-uusername-ppassword;"就可以了,不用指出 MySQL.exe 的完整地址,很方便),这里全部打上了勾,Service Name 不变。按"Next"按钮继续。

下面这一步如图 14-14 所示,询问是否要修改默认 root 用户(超级管理)的密码(默认为空),"New root password",如果要修改,就在此填入新密码(如果是重装,并且之前已经设置了密码,在这里更改密码可能会出错,请留空,并将"Modify Security Settings"前面的钩去掉,安装配置完成后另行修改密码),在"Confirm(再输一遍)"内再填一次,防止输错。"Enable root access from remote machines(是否允许 root 用户在其他的机器上登录,如果要安全,就不要勾上,如果要方便,就勾上它)"。"Create An Anonymous Account(新建一个匿名用户,匿名用户可以连接数据库,不能操作数据,包括查询)"一般就不用勾了,设置完毕后,按"Next"按钮继续。

在下一个界面中,确认设置无误,如果有误,按"Back"按钮返回检查,按"Execute"按钮使设置生效。

如图 14-15 所示,设置完毕后,按"Finish"按钮结束 MySQL 的安装与配置——这里有一个比较常见的错误,就是不能"Start service",一般出现在以前有安装 MySQL 的服务器上。解决的办法是,先保证以前安装的 MySQL 服务器彻底卸载掉了;不行的话,检查是否按上面一步操作,之前的密码是否有修改;如果依然不行,将 MySQL 安装目录下的 data 文件夹备份,然后删除,在安装完成后,将安装生成的 data 文件夹删除,备份的 data 文件夹移回来,再重启 MySQL 服务就可以了,这种情况下,可能需要将数据库检查一下,然后修复一次,防止数据出错。

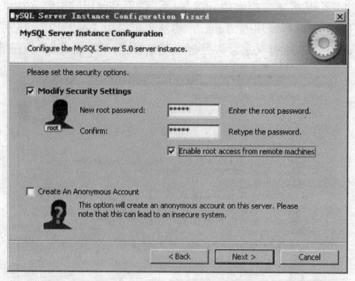

图 14-14　MySQL 配置中的管理员设置

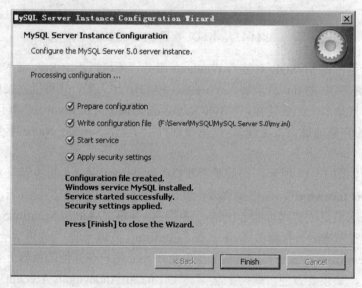

图 14-15　结束 MySQL 配置

14.2.3　加载驱动程序

在与特定数据库建立连接前，JDBC 都会加载相应的驱动程序。JDBC 可用的驱动程序有 JDBC-ODBC 桥接驱动器、JDBC 网络驱动器或是由特定数据库厂商提供的驱动程序等。MySQL 的驱动程序可以去 MySQL 官网进行下载，网址如下：

```
https://dev.MySQL.com/downloads/connector/j/
```

加载 MySQL 的驱动的步骤如下：

① 在工程目录中创建 lib 文件夹，将下载好的 JDBC 放到该文件夹下，如图 14-16 所示。

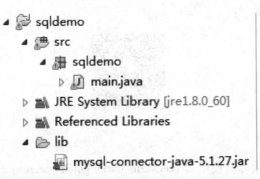

图 14-16　Java 工程目录下的 JDBC 安装位置

② 右键工程名，在 Java build path 中的 Libraries 分页中选择"Add JARs..."，选择刚才添加的 JDBC，如图 14-17 所示。

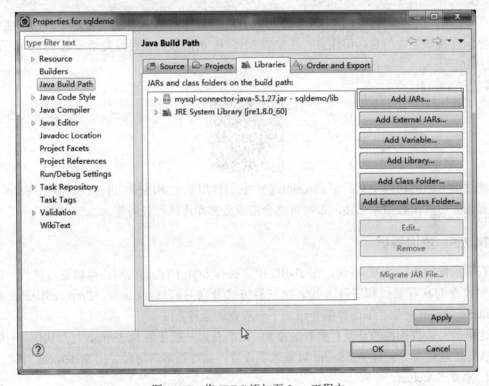

图 14-17　将 JDBC 添加至 Java 工程中

③ 在 Java 程序中加载驱动程序，一种简单方法是使用 Class.forName 方法显示加载一个驱动程序，如：

```
Class.forName("com.MySQL.jdbc.Driver");
```

该语句将加载 Oracal 公司为用户提供的 JDBC 驱动器。与数据库相连时，DriverManager 将使用已加载的驱动程序。

在下面的例子中，使用 Class.forName 方法来加载一个驱动程序并使用 DriverManager 的 getDrivers 方法来获得已加载驱动程序的信息。

【程序 14.1】

14.2.4 建立连接

创建与数据源的连接可以使用 DriverManager 的 getConnection 方法。getConnection 方法使用的格式有三种：

```
getConnection(url);
getConnection(url,info);
getConnection(url,user,pwd);
```

在下面的例子中，将使用 getConnection 方法来创建与 MySQL 的连接，在成功创建连接后，显示连接成功的信息。请注意：在安装 MySQL 的时候，已经设定了 user 为 root，密码为 123456。

【程序 14.2】

请注意上面的代码中有一句 con.close( )；它的作用是关闭连接。进行任何数据库操作时，都需要在最后关闭数据库连接，否则可能会造成数据库连接释放问题。

14.2.5 查询数据

查询数据即执行 SQL 语句。在 JDBC 中要执行 SQL 的查询语句，可以通过执行一般查询、参数查询和存储过程三种方式。这三种方式分别对应 Statement、PrepareStatement 和 CallableStatement 对象。下面详细介绍一下一般查询这种方法。

这里的一般查询指的是没有参数的查询，这类查询一般使用 Statement 对象实现。一般查询的执行过程可分为创建 Statement 对象选项设置、执行查询语句和关闭 Statement 对象。

1. 创建 Statement 对象

执行 SQL 查询的第一步便是准备好一个 Statement 对象，创建 Statement 对象可以使用 Connection 接口的 CreateStatement 方法，如：

```
Statement st=con.CreateStatement( );
```

2. 选项设置

建立一个 Statement 对象后，可以使用该对象的一些方法设置需要的选项，如：setMaxFieldSize( )设置列值可能的最大值。该方法只能用于 BINARY、VARBINARY、LONGVARBINARY、CHAR、VARCHAR、LONGVARCHAR 等类型的列。

SetMaxRows( )设置结果集的最大行数。

SetEscapeProcessing( )设置是否由驱动程序处理转义字符。缺省情况下由驱动程序处理。

在 SQL 语句传递到数据库前进行转义字符替换。

SetQueryTimeout( )设置执行一个查询语句可等待的时间。

SetCursorName( )设置游标名称。

3. 执行查询语句

执行 SQL 查询语句可以使用 Statement 的 executeQuery( )和 execute( )方法。方法的参数是一个 String 对象，该对象实际是一个代表需要执行的 SELECT 语句字符串。

executeQuery( )方法返回一个 ResultSet 对象，如：

```
ResultSet rs=st.executeQuery("SELECT * FROM employee")
```

该方法执行后，将返回表 employee 中的所有行。返回结果存放在 ResultSet 对象 rs 中。executeQuery( )方法在一般情况下只能执行一个 SQL 查询语句，并且只能返回一个结果集。而 execute( )方法可以返回多个结果集，execute( )方法的参数同样是一个代表 SQL 查询语句的字符串对象，execute( )方法的返回值是一个 boolean 值，如果至少能够返回一个 ResultSet( )对象，则其返回值为 true；否则返回 false。执行 execute( )方法后，可以使用 getResultSet( )、getMoreResultSet( )及 getUpdateCount( )等方法来处理结果集。

executeQuery 和 execute 方法的参数是一个代表 SQL 查询语句的字符串。编译的过程中，JDBC 仅检查参数是否是一个字符串，而不管该字符串是否就是一个 SQL 查询语句，只有在驱动执行该语句时，才会检测语句是否有错，如果发生错误，则产生一个 SQLException 异常，用户应该捕捉该异常并进行处理。

4. 关闭 Statement 对象

具有良好习惯的程序员应在对象不再使用时将其关闭，关闭 Statement 对象可以使用 Statement 对象的 close( )方法。Statement 对象被关闭后，用该对象创建的结果集也会被自动关闭。

下面是使用 Statement 对象及 ResultSet 进行数据库查询的例子。注意下面例子中建立一个名为 mydata 的数据库，其中建立一张测试用的数据表名，叫 employee，其中有三个字段：ID，Name，Age，并录入了 3 条测试数据。

【程序 14.3】

注意，数据行不一定是 3 这样的数字，数据行与查询到的记录数量有关，每台电脑的耗时也各不相同。

14.2.6 数据的改变

在前面介绍了数据的一般查询，接下来要对数据库中的数据进行改变。数据库的改变操作包括记录的插入、修改和删除三种最基本的操作。

1. 数据的插入操作

在数据库中插入记录使用 SQL 的 INSERT 语句。Java 中还是使用 Statement 对象进行操作，如下面的代码所示。

```
st.executeUpdate("INSERT INTO customer(cName, cAge, cAddress, cEmail)
values('Mike Joden', 45, 'New York Three Street', 'mjoden@134.net'");
```

其中 st 是 Statement 所实例化的对象名称。下面看一个具体例子。使用 mydata 数据库中的测试表 employee，employee 表中有三个字段 ID、Name、Age，目前数据表中有 3 行记录，再插入一行新记录到表中，记录内容为"4，李雷，19"。

【程序 14.4】

编译后执行，可以去查看 MySQL 中的 employee 表，可以看见表中已经多出一条刚刚插入的数据。

2. 数据的修改操作

在数据库中修改记录，使用 SQL 的 Update 语句。Java 中还是使用 Statement 对象进行操作，如下面的代码所示。

```
st.executeUpdate("UPDATE customer SET cAge=34 WHERE cNAme='Mike'");
```

其中 st 是 Statement 所实例化的对象名称。下面看一个具体例子。使用 mydata 数据库中的测试表 employee，employee 表中有三个字段 ID、Name、Age，目前数据表中有 4 行记录，修改 ID 为 4 这一条记录，将 Name 改为韩梅梅，Age 改为 18。记录内容为"4，李雷，19"。

【程序 14.5】

编译后执行，可以去查看 MySQL 中的 employee 表，看见表中 ID 为 4 的这条记录已经改变。

3. 数据的删除操作

在数据库中删除记录使用 SQL 的 Delete 语句。Java 中还是使用 Statement 对象进行操作，如下面的代码所示。

```
st.executeUpdate("DELETE FROM customer WHERE cNAme='Mike'");
```

其中 st 是 Statement 所实例化的对象名称。下面看一个具体例子。使用 mydata 数据库中的测试表 employee，employee 表中有三个字段 ID、Name、Age，目前数据表中有 4 行记录，删除 ID 为 4 这一条记录。

【程序 14.6】

编译后执行，可以去查看 MySQL 中的 employee 表，看见表中 ID 为 4 的这条记录已经改变。

总结：在上面的数据更改的操作中，可以仔细观察三段实例代码，发现三段实例代码非常相似，只有 SQL 语句部分做了调整，可见在 Java 中对数据的更改操作其实还是使用 Statement 对象的 executeUpdate( )方法进行的，各位读者只需牢记这点即可。

程序实作题

1. 请自行设计一个数据库结构完成用户登录的功能。
2. 请自行设计一个数据库结构完成用户注册的功能。

第 15 章 Java 的网络通信

学习目标

在本章中将学习以下内容：
- URL 类与 URLConnection
- InetAddress 类
- 套接字 Socket 类
- 基于 TCP 的 Socket 通信
- 基于 UDP 的通信

如果从网络协议的底层去实现网络中的两台计算机之间相互通信，是非常困难的一件事，但 Java 在 Java.net 包中提供了一些编程接口和通信模型，使网络编程变得简单快捷，比如获取网络上的各种资源、与服务器建立连接和通信、传递本地数据等。Java 使用流模式来实现网络信息交互，即一个接口可同时拥有两个流——输入流和输出流。当一个进程（或主机）向另一个进程（或主机）发送数据时，程序将数据写入相应接口的输出流上；而另一个进程（或主机）从输入流上读取数据。一旦网络建立连接，那么在这一连接上的流操作和前面讲到的流操作没有更多的区别。

一般将 Java 提供的网络功能按层次及使用方法分为三大类：

（1）URL

这种方法通过 URL 的网络资源表达形式确定数据在网络中的位置，利用 URL 对象提供的相关方法，直接读入网络中的数据资源。

（2）Socket

Socket 是指两个程序在网络上的通信连接，由于 TCP/IP 协议下的客户服务器软件通常使用 Socket 来进行信息交流，因此这种传统网络程序经常被使用。

（3）Datagram

前面两种网络通信中，通信管道是安全而稳定的，但是在复杂的网络环境下，这种要求未必能达到，这时可以用 Datagram 方式。

15.1 URL 类与 URLConnection

URL 是 Uniform Resource Locator 的缩写，即统一资源定位，用于表示 Internet 中某个资源的位置，很多时候把 URL 叫作网址。URL 的基本结构为：

```
protocol://host_name:port_number/file_name/reference
```

其中元素的表示：

Protocol：获取资源的传输协议；

host_name：资源所在的主机；

port_number：连接时使用的通信端口号；

file_name：资源在主机的完整文件名；

reference：资源中的某个特定位置。

例如常见的这样一个网址：

http://home.Stingman.com:80/home/welcome.html

这个连接规定使用 HTTP 协议，主机名称为 home.Stingman.com，端口号为 80，home/welcome.html 表示了所访问资源的完整文件名（包含路径）。

15.1.1　URL 类

为了表示 URL，Java 定义了一个 URL 类，允许程序人员通过它打开特定的 URL 连接，并对连接所对应的资源进行各种读写操作，使整个访问过程就像访问本地文件一样方便快捷。

URL 类有以下构造方法：

① public URL（String spec）：通过一个表示 URL 地址的字符串 spec 构造 URL。

② public URL（URL context，String spec）：通过基于 URL 和相对 URL 构造对象。

③ public URL（String protocol, String host, String file）：通过协议、主机、文件名构造 URL。

④ public URL（String protocol, String host, int port, String file）：通过协议、主机、端口、文件名构造 URL。

URL 对象一旦生成，其属性是不可改变的，但可以通过 URL 类提供的一些方法来获取这些属性，常见的见表 15-1。

表 15-1　URL 常用方法

方　　法	描　　述
String getFile( )	获得 URL 指定资源的完整文件名
String getHost( )	返回主机名
String getPath( )	返回端口号，默认为–1
Int getPort( )	返回表示 URL 中协议的字符串对象
String getRef( )	返回 URL 中的 HTML 文档标记，即#号标记
String getUserInfo( )	返回用户信息
String toString( )	返回完整的 URL 字符串

下面的例子中，为 jdk 的下载页面创建一个 URL，然后检查它的属性：

【程序 15.1】

注意端口是–1,这意味着该端口没有被明确设置。现在已经创建了一个 URL 对象,希望获得与之相连的数据。为获得 URL 的实际字节或内容信息,URL 类还提供了一个常用的建立远程对象连接的方法:

```
URLConnection openConnection( )
```

该方法返回一个 URLConnection 对象,表示应用程序和 URL 之间的通信连接。

15.1.2 URLConnection 类

URLConnection 是访问远程资源属性的一般用途的类。如果建立了与远程服务器之间的连接,那么可以在传输它到本地之前用 URLConnection 来检查远程对象的属性。这些属性由 HTTP 协议规范定义并且仅对用 HTTP 协议的 URL 对象有意义。

URLConnection 提供了一些方法来读、写其引用的资源,见表 15-2。

表 15-2 URLConnection 常用方法

方　　法	描　　述
Object getContent( )	获取此 URL 连接的内容
String getHeaderField(String name)	返回指定的头字段的值
int getContentLength( )	返回 Content-Length 头字段的值
String getContentType( )	返回 Content-Type 头字段的值
long getLastModifield( )	返回 Last-Modifield 头字段的值
InputStream getInputStream( )	返回从此打开的连接读取的输入流
OutputStream getOutputStream( )	返回写入此连接的输出流

下面这个例子使用 URL 和 URLConnection 访问 WWW 资源。首先生成一个 URL 对象,指向 JDK 下载页面,然后调用 URL 对象的 openStream( )方法生成该 URL 的一个输出流,这是一个字节流,在此基础上进一步通过 InputStreamReader 和 BufferReader 构造一个带有缓冲功能的字符流,并通过该字符流对象读取 URL 的 html 内容,进而输出到屏幕上。

【程序 15.2】

15.1.3 单线程下载器实例

实现一个简单的基于单线程的资源下载器,用户可以任意指定待下载资源的链接地址,程序根据地址判断资源是否存在,如果存在,则将该资源下载至本地。

【程序 15.3】

当然，这个例子比起真正使用的网络下载器来说是比较简单的，功能比较少，界面也有改进的余地，比如加入进度条等。感兴趣的读者可尝试进一步的完善。

15.2 InetAddress 类

在 Internet 上的主机一般用 IP 地址和域名来表示地址，Java.net 包提供了一个 InetAddress 类用来封装数字式的 IP 地址和该地址的域名。可以通过一个 IP 主机名与这个类发生作用，IP 主机名比它的 IP 地址用起来更简便，更容易理解。

InetAddress 类没有提供构造函数。为生成一个 InetAddress 对象，必须运用一个可用的工厂方法，即利用该类的一些静态方法来获取对象实例，然后再通过这些对象实例来对 IP 地址或主机名进行处理。InetAddress 类常用的方法见表 15-3。

表 15-3 InetAddress 常用方法

方 法	描 述
static InetAddress getLocalHost( )	返回象征本地主机的 InetAddress 对象
static InetAddress getByName (String hostName)	返回一个以 hostName 为主机名的 InetAddress 对象
static InetAddress[]getAllByName (String hostName)	返回代表由一个特殊名称分解的所有地址的 InetAddresses 类数组（一个域名映射多个主机）
static InetAddress getByAddress (byte[]addr)	返回 addr 为 IP 地址的 InetAddress 对象。IP 地址以长度为 4 的字节数组表示
String getHostAddress( )	返回代表与 InetAddress 对象相关的主机地址的字符串
String getHostName( )	返回代表与 InetAddress 对象相关的主机名的字符串

下面的例子输出了本地机的地址和名称及两个 Internet 网址。

【程序 15.4】

15.3 Socket 通信

在 Java 中，客户与服务器之间的通信编程一般是基于 Socket 实现的。Socket 通常也称作

"套接字",用于描述 IP 地址和端口,是一个通信链的句柄,可以用来实现不同虚拟机或不同计算机之间的通信。

在网络通信中,把 Socket 表示为两个实体之间进行通信的有效端点,通过 Socket 可以获得源 IP 地址和源端口、终点 IP 地址和终点端口,并创建一个能被多人使用的分布式应用程序,实现与服务器的双向自由通信。

15.3.1 基于 TCP 协议的 Socket 通信

TCP 是一种可靠的、基于连接的通信协议,发送方和接收方所对应的两个 Socket 之间必须建立连接,以便在 TCP 协议的基础上进行通信。当一个 Socket(通常是服务器端 Socket)等待建立连接时,另一个 Socket 可以要求进行连接,一旦这两个 Socket 连接起来,就可以进行双向数据传输,双方都可以进行发送或接收操作。

在 Java 中,TCP Socket 连接是用 Java.net 包中的类实现的。图 15-1 说明了服务器和客户端的通信过程。

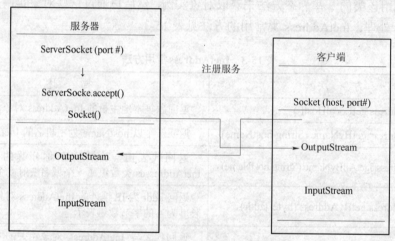

图 15-1 基于 TCP 的 Socket 通信过程

一个完整的 Socket 通信程序通常包括以下几个基本步骤:

① 创建 Socket。首先创建 ServerSocket,然后在客户端创建 Socket,连接服务器,在服务器端创建一个和它对应的 Socket。

② 打开连接到 Socket 的输入/输出流。在客户端和服务器端分别用 Socket 创建输入流和输出流,把客户端的输入流和服务器的输出流连接起来,客户端的输出流和服务器的输入流连接起来。

③ 使用 InputStream 和 OutputStream 对 Socket 进行读写操作。

④ 使用 close( )方法关闭 Socket 连接。

通常,程序员针对所要完成的功能在第③步进行编程,第①、②、④步对任何程序都是一样的。

Java.net 包提供了两类 Socket。ServerSocket 类设计成在等待客户建立连接之前不做任何事的"监听器"。Socket 类为建立连向服务器套接字及启动协议交换而设计。

Socket 类常用构造方法如下:

- Socket (String hostName, int port)
- Socket (String hostName, int port, Boolean Stream)
- Socket (InetAddress ipAddress, int port)
- Socket (InetAddress ipAddress, int port, Boolean Stream)
- ServerSocket (int port)
- ServerSocket (int port, int count)

其中 ipAddress 是一个 InetAddress 对象，表示 IP 地址；hostName 和 port 表示主机名和端口号；Stream 是一个布尔量，指示 Socket 是基于 TCP 还是基于 UDP；count 表示服务器端所能支持的最大连接数。

这里要特别强调一下端口号的设置，因为通常 0～1023 的端口号是被操作系统所保留的，例如 80 为 http 服务的端口号、21 为 FTP 服务的端口号。所以，在设置端口号时，应选择大于 1023 的端口号，以防止发生冲突。

在 Java 中实现基于 TCP 的 Socket 通信通常按以下过程完成（列出关键代码）：

对于服务器，通过生成一个 ServerSocket 对象打开服务器端，然后调用方法 accept( ) 准备接收来自客户端的连接请求，生产一个和客户端对应的 socket。

```
ServerSocket server=null;
try{
  server=new ServerSocket(2017)  //2017 为端口号
  Socket socket= server.accept( );
}
Catch(Exception e){
  …  //异常处理
}
```

方法 accept( ) 等待客户端的请求，直到有一个客户端启动请求并连接到相应端口，然后 accept( ) 就返回一个对应客户端的 Socket 对象。这时，服务器端和客户端都建立了用于通信的 Socket，接下来由各个 Socket 分别打开各自的输入/输出流。

Socket 类提供了方法 getInputStream( ) 和 getOutputStream( ) 来得到对应的输入/输出流，以进行读写操作，这两个方法分别返回 InputStream 和 OutputStream 对象。为了便于读写数据，可以对返回的输入/输出流进行过滤封装，比如对于文本方式流对象，可以采用 InputStreamReader、OutputStreamWriter 和 PrintWriter 等处理。例如：

```
PrintWriter out=new PrintWriter(socket. getOutputStream( ));
BufferedReader in=new BufferedReader(new InputStreamReader(socket. getInputStream( )));
```

使用完 Socket 后，应及时将与 Socket 通信相关的所有资源关闭。

```
out.close( );  //关闭输出流
in.close( );  //关闭输入流
socket.close( );  //关闭 Socket
```

并且一定要注意关闭顺序，与 Socket 相关的所有输入/输出流应首先关闭，最后再关闭 Socket。

下面介绍一个单客户端的 Socket 通信实例。整个程序分为两个部分：服务器端 SimpleServer 和客户端 SimpleClient。

【程序 15.5】

程序 15-5 只能响应一个客户端程序的连接请求，在实际应用中，服务器一般需要同时响应多个客户端请求。因此，ServerSocket 对象的 accept( )方法每当有一个连接请求发生时，就会产生一个 Socket 对象，所以只要用此方法反复监听客户请求，就可以为每个客户端请求生成一个专用的 Socket 对象进行通信。但是有可能会产生很多 Socket 对象，所以最好将每个 Socket 对象放入一个线程中，这样当每一个 Socket 对象执行完成任务后，只有包含该 Socket 对象的线程会终止，对其他线程没有任何影响。

下面这个例子就演示了多客户端的 Socket 通信。首先服务器端创建 ServerSocket 方法，循环调用 accept( )方法等待客户端连接，然后客户端创建 Socket 和服务的请求连接，服务端接受客户端的请求，建立专线连接，使建立连接的两个 Socket 在一个单独的线程上对话。

【程序 15.6】

15.3.2 基于 UDP 的网络通信

与 TCP/IP 不同，用户数据报协议（User Datagram Protocol，UDP）是一种无连接的协议。它能提供一种非可靠的无连接投递服务在机器之间传输报文，它的连接速度比有连接协议的快，但由于无连接，数据报服务不能保证所有的数据均准确、有序地到达目的地。所以通常音频、视频和普通数据在传送时使用 UDP 较多，因为它们即使偶尔丢失一两个数据包，也不会对接收结果产生太大影响。

在 Java 中可以利用 Java.net 包中的 DatagramSocket 和 DatagramPacket 类在网络上发送和接收数据包。DatagramSocket 用于在程序之间建立传送数据报的通信连接；DatagramPacket 则用来表示一个数据报。

DatagramSocket 常用的构造方法有：

● DatagramSocket( )：创建实例。通常用于客户端编程，它并没有特定监听的端口，仅仅使用一个临时的。

● DatagramSocket (int port)：创建实例，并固定监听 Port 端口的报文。

基于 UDP 编写 Socket 通信程序时，无论在服务器端还是在客户端，首先都要建立一个 DatagramSocket 对象，用来接收和发送数据报，然后使用 DatagramPacket 对象作为传输数据的载体。

DatagramPacket 的构造方法如下：

- 接收时：DatagramPacket（byte[]buf，int length）；将数据包中 length 长的数据装进 buf 数组。
- 发送时：DatagramPacket（byte[]buf，int length，InetAddress addr，int port）；从 buf 数组中取出 length 长的数据创建数据包对象，目标是 addr 地址，port 端口。

在接收数据前，使用第一个构造方法生成一个 DatagramPacket 对象，给出接收数据的缓冲区及其长度，然后调用 DatagramSocket 的 receive( )方法等待数据报的到来。receive( )会一直等待，直到收到一个数据报为止。

发送数据前，也要先生成一个 DatagramPacket 对象，这时使用上述第二个构造方法，在给出存放发送数据的缓冲区的同时，还要给出完整的目的地址，包括 IP 地址和端口号。发送数据是通过 DatagramSocket 的 send( )方法实现的，send( )根据数据报的目的地址来寻径，以传递数据报。

下面介绍一个简单的 UDP 通信示例，从发送者发送数据到接收者，然后接收者再发送数据到发送者。

【程序 15.7】

从程序 15-7 中可以看到,编写基于 UDP 的网络通信程序的关键在于掌握 DatagramSocket 和 DatagramPacket 的使用，包括如何创建接收数据报和接收数据报 socket，以及发送数据报和发送数据报 socket。创建数据报通信程序，不需要在客户端和服务器端之间建立连接。

参 考 文 献

［1］Y. Daniel Liang. Java 语言程序设计（基础篇）［M］. 李娜，译. 北京：机械工业出版社，2011.
［2］朱庆生，古平. Java 程序设计［M］. 2版. 北京：清华大学出版社，2016.
［3］耿祥义，张跃平. Java 大学实用教程［M］. 北京：电子工业出版社，2008.
［4］Kathy Sierra，Bert Bates. SCJP 考试指南［M］. 张思宇，译. 北京：电子工业出版社，2009.